高等学校规划教材·化学化工系列

化学工程与工艺实验

U0241114

主　编　**刘沐鑫　赵建军**

副主编　**石春杰　秦英月**

编　委（按姓氏笔画排序）

　　　　石春杰　刘沐鑫　李　良

　　　　李梦荣　赵建军　胡燕超

　　　　姜　绯　秦英月　曹先中

北京师范大学出版集团
BEIJING NORMAL UNIVERSITY PUBLISHING GROUP
安徽大学出版社

图书在版编目(CIP)数据

化学工程与工艺实验/刘沐鑫,赵建军主编. —合肥:安徽大学出版社,2024.4
ISBN 978-7-5664-2552-2

Ⅰ.①化… Ⅱ.①刘… ②赵… Ⅲ.①化学工程－化学实验－高等学校－教材
Ⅳ.①TQ016

中国国家版本馆 CIP 数据核字(2023)第 000688 号

化学工程与工艺实验

HUAXUE GONGCHENG YU GONGYI SHIYAN

刘沐鑫 赵建军 主编

出版发行：北京师范大学出版集团
　　　　　安 徽 大 学 出 版 社
　　　　　(安徽省合肥市肥西路 3 号 邮编 230039)
　　　　　www.bnupg.com
　　　　　www.ahupress.com.cn
印　　刷：合肥创新印务有限公司
经　　销：全国新华书店
开　　本：787 mm×1092 mm　1/16
印　　张：12.75
字　　数：248 千字
版　　次：2024 年 4 月第 1 版
印　　次：2024 年 4 月第 1 次印刷
定　　价：45.00 元
ISBN 978-7-5664-2552-2

策划编辑:刘中飞　武溪溪　陈玉婷　　　　装帧设计:李　军
责任编辑:陈玉婷　　　　　　　　　　　　美术编辑:李　军
责任校对:武溪溪　　　　　　　　　　　　责任印制:赵明炎

前言
Foreword

　　化学工程与工艺实验是化学工程与工艺专业重要的培养环节,可以帮助学生认识生产实践过程,从而将理论知识与实践相结合。本书根据教育部高等学校教学指导委员会制定的化工与制药类专业教学质量国家标准(化工类专业)编写,以培养化学工程与工艺专业高水平应用型人才为目标,注重对学生应用能力和创新思维的培养。本书为校企合编教材,邀请马鞍山钢铁股份有限公司煤焦化公司高级工程师曹先中参与编写,充分考虑了化工行业对人才的要求。

　　本书共收录 44 个实验,分为化工基础实验、化工分离工程实验、化学反应工程实验、化工传递工程实验、化工工艺实验、工业催化实验和精细化工实验。各章分别与化学工程与工艺专业的主干理论课相对应,可用于化工原理、化工分离工程、化学反应工程、化工传递工程、化工工艺学、工业催化和精细化学品化学等课程的实验教学。为方便学生在处理实验数据时查阅物性参数,本书附录中列出了常见物质的物理性质参数。

　　本书可作为化学工程与工艺专业的实验用书,也可用于应用化学、能源化学工程、材料科学与工程、高分子材料与工程、制药工程和环境工程等专业的化工原理实验教学,还可供化工行业从业者和科研工作者参考使用。

　　鉴于编者的水平和能力有限,书中疏漏之处在所难免,恳请广大读者批评指正,我们将不断修正、完善。

刘沐鑫

2023 年 4 月

Contents

化工基础实验

实验1 流体流动阻力的测定

一、实验目的

1. 了解流体流动阻力的形成原因。
2. 掌握流体流动阻力的测定方法。
3. 认识摩擦系数与雷诺数之间的关系。

二、实验原理

(一)直管阻力

由于流体具有黏性,当流体在管道内流动时,固体壁面作用于运动流体,使其内部发生相对运动,产生速度(或动量)的空间分布,从而实现分子(层流中)或涡流(湍流中)的动量传递。其结果是消耗流体的机械能,产生直管阻力损失,其大小可表示为

$$h_f = \lambda \frac{L}{d} \cdot \frac{u^2}{2} \tag{1-1}$$

或

$$\Delta p_f = \lambda \frac{L}{d} \cdot \frac{\rho u^2}{2} \tag{1-2}$$

所以

$$\lambda = \frac{2d}{\rho L} \cdot \frac{\Delta p_f}{u^2} \tag{1-3}$$

式中:h_f——单位质量流体损失的机械能,J/kg;

Δp_f——摩擦阻力引起的压降,J/m^3 或 Pa;

λ——摩擦系数,无量纲;

L——管道的长度,m;

d——管道的内径,m;

u——流体的平均流速,m/s;

ρ——流体的密度,kg/m^3。

测取式(1-3)中的各项数值后,即可计算出摩擦系数 λ。其中:Δp_f 可以由压差计读取;对于一定的管路系统,L 和 d 为定值,可以直接测取;本实验以水为研究对象,其密度 ρ 可以通过查阅附录 1 获得;流速 u 可以根据流量(由转子流量计读取)与管路的截面积计算获得。

摩擦系数 λ 是相对粗糙度和雷诺数的函数。对于选定的管路系统,相对粗糙度为定值,所以摩擦系数 λ 仅为雷诺数 Re 的函数,即 $\lambda = f(Re)$。Re 可以通过式(1-4)计算。

$$Re = \frac{du\rho}{\mu} \tag{1-4}$$

式中:μ——流体的黏度,$Pa \cdot s$。

在管道粗糙度、管长、管径和水温一定的条件下,改变水流量,测得流量和压降,代入式(1-3)和式(1-4)分别计算出 λ 和与之对应的 Re,可以获得二者的关系。

(二)局部阻力

当流体流经管路中各类管件、阀门及管截面突然扩大或缩小的局部,流体会与固体壁面脱离,出现边界层分离现象,产生局部倒流或尾涡,导致流体质点强烈碰撞与混合,从而消耗机械能,产生局部阻力。局部阻力可以表示为动能的倍数

$$h'_f = \zeta \cdot \frac{u^2}{2} \tag{1-5}$$

或局部阻力引起的压降

$$\Delta p'_f = \zeta \cdot \frac{\rho u^2}{2} \tag{1-6}$$

所以

$$\zeta = \left(\frac{2}{\rho}\right) \cdot \frac{\Delta p'_f}{u^2} \tag{1-7}$$

式中:h'_f——局部阻力引起的能量损失,J/kg;

$\Delta p'_f$——局部阻力引起的压降,J/m^3 或 Pa;

ζ——局部阻力系数,无量纲。

与直管阻力的计算类似,测取式(1-7)中的各项数值后,即可计算出局部阻力系数 ζ。其中,$\Delta p'_f$ 可通过测取近端压差、远端压差计算。在一条各处直径相等的直管段上,安装待测局部阻力的阀门,在其上、下游开两对测压口 $a-a'$ 和 $b-b'$,如图 1-1 所示,使长度 $ab = bc$,$a'b' = b'c'$,则

$$\Delta p_{f,ab} = \Delta p_{f,bc}$$

$$\Delta p_{f,a'b'} = \Delta p_{f,b'c'}$$

在 a 与 a' 之间列伯努利方程式

$$p_a - p_{a'} = 2\Delta p_{f,ab} + 2\Delta p_{f,a'b'} + \Delta p'_f \tag{1-8}$$

在 b 与 b' 之间列伯努利方程式

$$p_b - p_{b'} = \Delta p_{f,bc} + \Delta p_{f,b'c'} + \Delta p'_f = \Delta p_{f,ab} + \Delta p_{f,a'b'} + \Delta p'_f \qquad (1\text{-}9)$$

联立式(1-8)和式(1-9)，得

$$\Delta p'_f = 2(p_b - p_{b'}) - (p_a - p_{a'}) \qquad (1\text{-}10)$$

称 $p_b - p_{b'}$ 为近端压差，称 $p_a - p_{a'}$ 为远端压差，二者均可由压力传感器测取。

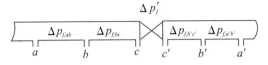

图 1-1　局部阻力测量取压口布置图

三、实验装置

实验采用综合流体力学实验装置，如图 1-2 所示。实验过程中，储水槽 1 中的水被离心泵 2 抽出，送入实验系统，经玻璃转子流量计 22 和 23 测量流量，然后送入被测管路测量流体的流动阻力，经回流管流回储水槽 1。被测管路系统包括光滑管、粗糙管和局部阻力阀，可以通过切换阀门选择所要测量的管路。

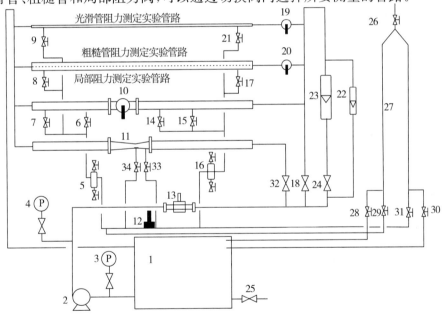

1—储水槽；2—离心泵；3—入口真空表；4—出口压力表；5、16—缓冲罐；

6、14—测局部阻力近端阀；7、15—测局部阻力远端阀；8、17—粗糙管测压阀；

9、21—光滑管测压阀；10—局部阻力阀；11—文丘里流量计；12—压力传感器；

13—涡轮流量计；18—阀门；19—光滑管阀；20—粗糙管阀；22—小转子流量计；

23—大转子流量计；24、32—流量调节阀；25—水箱放水阀；26—倒 U 型压差计放空阀；

27—倒 U 型压差计；28、30—倒 U 型压差计排水阀；29、31—倒 U 型压差计平衡阀；

33、34—文丘里流量计测压阀。

图 1-2　综合流体力学实验装置示意图

四、实验步骤

(一)实验前准备工作

1.熟悉实验装置(图 1-2),观察管路的走向和测量仪表的情况。

2.向储水槽内注满水。

3.在离心泵出口阀(流量计入口阀)关闭的情况下开启离心泵,打开待测管路的入口阀,排出管路中的气泡。

4.调整倒 U 型压差计(图 1-3)。将待测管路的阀门全开,在流量为零的条件下,打开倒 U 型压差计平衡阀 29 和 31,检查导压管内有无气泡。若倒 U 型压差计内液柱高度差不为零,则表明压差计内存在气泡,需要除气泡。

除气泡的操作方法:加大流量,打开倒 U 型压差计平衡阀 29 和 31,使压差计内液体充分流动,以除去管路内的气泡。若气泡已除尽,关闭流量调节阀 24 和平衡阀 29、31,慢慢旋开压差计上部的放空阀 26,分别缓慢打开排水阀 28 和 30,液柱降至中点时迅速关闭。然后关闭放空阀

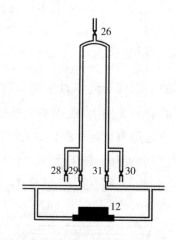

28、30—排水阀;29、31—平衡阀;
12—压力传感器;26—放空阀。
图 1-3 倒 U 型压差计示意图

26,打开平衡阀 29 和 31。此时,压差计两液柱的高度差应为零(1～2 mm 的高度差可以忽略)。若高度差不为零,则表明管路中仍有气泡存在,需要重复进行除气泡操作。

(二)直管阻力测定实验

下面以光滑管阻力测定为例,介绍具体实验步骤。

1.关闭粗糙管路阀门和局部阻力阀,将光滑管路阀门全开。

2.调节流量,按流量从小到大的顺序,测取 15～20 组数据。实验装置中 2 个转子流量计并联,可根据流量大小选择不同量程的流量计测量流量。需要注意的是,转子流量计的读数需要经过校核才能够得到真实的体积流量值,但对于水,可以忽略温度和压力的影响,直接以流量计的读数作为体积流量。

3.测取压差。压力传感器与倒 U 型压差计亦是并联连接,用于测量压差。流量小时用倒 U 型压差计测量压差,流量大时用压力传感器测量压差。

4.测取水箱水温。

5.实验结束后,关闭流量调节阀,停泵。

粗糙管阻力测定方法同光滑管。

（三）局部阻力测定实验

1.关闭光滑管路和粗糙管路阀门，将局部阻力阀开至一定的开度。

2.调节流量，按流量从小到大的顺序，测取 3 组数据。

3.测取压差。测量近端压差时，打开阀门 6 和 14，关闭阀门 7 和 15；测量远端压差时，打开阀门 7 和 15，关闭阀门 6 和 14。

4.测取水箱水温。

5.实验结束后，关闭流量调节阀，停泵。

五、注意事项

1.若之前较长时间未做实验，启动离心泵时应先用手盘动联轴器，检查转动是否灵活，否则易烧坏电机。

2.启动离心泵及从光滑管阻力测定过渡到其他实验项目之前，都必须检查所有流量调节阀是否关闭。

3.实验过程中，每调节一个流量，都要等流量和压差数据稳定后再记录数据。

4.测大流量的压差时应关闭倒 U 型压差计的平衡阀，防止水在倒 U 型管内形成回路影响实验数据。

5.实验水质要清洁（最好使用蒸馏水）。

六、数据记录与处理

1.将实验数据填入表 1-1～表 1-3。

2.根据实验数据计算雷诺数 Re 和摩擦系数 λ，在双对数坐标系中绘出二者的关系曲线。

3.用数学方法确定 Re 和 λ 的关系式 $\lambda = f(Re)$。

4.根据实验数据计算局部阻力系数 ζ。

表 1-1　光滑管阻力测定实验数据记录表

管内径 $d=$＿＿ mm　　　　管长 $L=$＿＿ m　　　　　　管路截面积 $A=$＿＿ m^2

流体温度 $t=$＿＿℃　　　　流体密度 $\rho=$＿＿ kg/m^3　　　流体黏度 $\mu=$＿＿ mPa·s

序号	流量/(L/h)	压差计读数		直管压降/Pa	流速/(m/s)	Re	λ
		kPa	mmH$_2$O				
1							
2							
3							

表 1-2 粗糙管阻力测定实验数据记录表

管内径 $d=$＿＿ mm   管长 $L=$＿＿ m   管路截面积 $A=$＿＿ m^2

流体温度 $t=$＿＿℃   流体密度 $\rho=$＿＿ kg/m^3 流体黏度 $\mu=$＿＿ mPa·s

序号	流量/(L/h)	压差计读数		直管压降/Pa	流速/(m/s)	Re	λ
		kPa	mmH$_2$O				
1							
2							
3							

表 1-3 局部阻力测定实验数据记录表

管内径 $d=$＿＿ mm   管路截面积 $A=$＿＿ m^2

流体温度 $t=$＿＿℃   流体密度 $\rho=$＿＿ kg/m^3

序号	流量/(L/h)	压差/kPa		流速/(m/s)	局部阻力引起的压降/Pa	λ
		近端	远端			
1						
2						
3						

七、思考题

1. 什么是流体阻力？流体阻力产生的原因是什么？

2. 流体阻力有哪几种表示方法？

3. 用压降表示阻力时，管路中两截面间压强差是否等于阻力引起的压降？应怎样分析？

4. 倒 U 型压差计与 U 型压差计有何区别？使用时有哪些注意事项？

5. 如何排尽倒 U 型压差计导管中残存的空气？如何确定倒 U 型压差计中气体已排尽？

6. 使用转子流量计时有哪些注意事项？

实 验 2 文 丘 里 流 量 计 的 标 定

一、实验目的

1.了解文丘里流量计的工作原理。

2.掌握节流式流量计标定的方法,掌握绘制文丘里流量计流量标定曲线(流量-压差关系曲线)的方法。

3.认识流量系数和雷诺数之间的关系。

二、实验原理

文丘里流量计为一段渐缩渐扩的短管,如图 2-1 所示。由于喉管(最小流通截面处)处流速大压强小,流体流过文丘里流量计时,文丘里流量计前端与喉部产生压差,此差值可以通过压差计测得。此压差与流量大小有关:

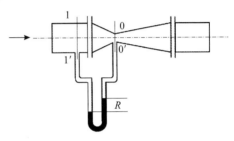

图 2-1 文丘里流量计示意图

$$V_s = C_V A_0 \sqrt{\frac{2\Delta p}{\rho}} \tag{2-1}$$

式中:V_s——被测流体(水)的体积流量,m^3/s;

C_V——流量系数,无量纲;

A_0——流量计节流孔截面积,m^2;

Δp——流量计上游($1-1'$)、下游($0-0'$)取压口之间的压差,Pa;

ρ——被测流体(水)的密度,kg/m^3。

本实验采用涡轮流量计作为标准流量计来测量流量 V_s。每一个流量值在压差计上都有一对应的读数,将压差计读数 Δp 和流量 V_s 绘制成一条曲线,即得到流量标定曲线。根据式(1-4)和式(2-1)分别计算出 Re 和与之对应的 C_V,可进一步绘制 Re-C_V 关系曲线。

三、实验装置

实验采用综合流体力学实验装置,如图 1-2 所示。实验过程中,储水槽 1 内的水被离心泵 2 抽出,送入实验系统,经涡轮流量计 13 计量,由流量调节阀 32 调节流量,经文丘里流量计 11 回到储水槽。文丘里流量计两端的压差由压力传感器测量。

四、实验步骤

1. 向储水槽内注满水。

2. 在离心泵出口阀关闭的情况下开启离心泵,打开待测管路的入口阀,排出管路中气泡。

3. 用流量调节阀调节流量,从零调至最大或从最大调至零,测取 10～15 组数据,同时记录涡轮流量计和文丘里流量计的读数,记录水温。

4. 实验结束后,关闭流量调节阀,停泵,切断电源。

五、注意事项

1. 若之前较长时间未做实验,启动离心泵时应先用手盘动联轴器,检查转动是否灵活,否则易烧坏电机。

2. 启动离心泵前,必须关闭流量调节阀,同时关闭压力表和真空表的开关,以免损坏测量仪表。

3. 实验过程中,每调节一个流量,都要等流量和压差数据稳定后再记录数据。

4. 实验水质要清洁(最好使用蒸馏水),以免影响涡轮流量计运行。

六、数据记录与处理

1. 将实验数据填入表 2-1。

表 2-1 文丘里流量计标定实验数据记录表

管路内径 $d=$ ＿＿ mm   文丘里喉径 $d_0=$ ＿＿ m^2

流体温度 $t=$ ＿＿ ℃   流体密度 $\rho=$ ＿＿ kg/m^3

序号	文丘里流量计压差 Δp/kPa	流量 V_s/(m³/h)	流速 u/(m/s)	Re	C_V
1					
2					
3					

2. 绘制文丘里流量计流量标定曲线(Δp-V_s 关系曲线)。

3. 在半对数坐标系中绘制流量系数和雷诺数之间的关系曲线(Re-C_V 关系曲线)。

七、思考题

1. 为什么要对文丘里流量计进行标定?实验需要测定哪些数据?

2. 文丘里流量计的工作原理是什么?为什么要用压差计与之配合使用?

3. 涡轮流量计的工作原理是什么?

实验 3　离心泵特性曲线的测定

一、实验目的

1. 了解离心泵的结构和操作方法。
2. 掌握离心泵特性曲线的测定方法。
3. 了解离心泵特性曲线的用途。

二、实验原理

离心泵的性能参数及相互之间的关系是选泵和进行流量调节的依据。在一定转速条件下，离心泵的压头 H、轴功率 N 以及效率 η 均随实际流量 Q 的大小而变。通常以 20 ℃ 清水为流体，在常压下做实验，得出 H 与 Q、N 与 Q、η 与 Q 之间的关系，并以曲线表示，此即离心泵的特性曲线。

（一）压头 H

离心泵的压头（扬程）是指离心泵为单位重量（1 N）流体提供的有效能量。

在泵的入口和出口之间列伯努利方程

$$z_1 + \frac{p_1}{\rho g} + \frac{u_1^2}{2g} + H = z_2 + \frac{p_2}{\rho g} + \frac{u_2^2}{2g} + H_f \tag{3-1}$$

$$H = (z_2 - z_1) + \frac{p_2 - p_1}{\rho g} + \frac{u_2^2 - u_1^2}{2g} + H_f \tag{3-2}$$

式中：z_1, z_2——离心泵的入口高度、出口高度，m；

p_1, p_2——离心泵的入口压力、出口压力，Pa；

u_1, u_2——离心泵的入口流速、出口流速，m/s；

H——离心泵的压头，m；

H_f——离心泵入口和出口之间管路内的流体流动阻力，m。

与伯努利方程中其他项相比，H_f 值很小，故可忽略。于是，上式变为

$$H = (z_2 - z_1) + \frac{p_2 - p_1}{\rho g} + \frac{u_2^2 - u_1^2}{2g} \tag{3-3}$$

将测得的 $z_2 - z_1$ 和 $p_2 - p_1$ 的值以及计算所得 u_1 和 u_2 代入上式，即可求得 H。

（二）轴功率 N

功率表测得的功率为电机的输入功率。由于泵由电机直接带动，传动效率可视为 1，电机的输出功率等于泵的轴功率，电机的输出功率等于电机的输入功率与电机的效率的乘积。轴功率可用式（3-4）计算。

$$N = N_{m,o} = N_{m,i} \eta_m \tag{3-4}$$

式中: N——泵的轴功率,W;

$N_{m,o}$——电机的输出功率,W;

$N_{m,i}$——电机的输入功率,W;

η_m——电机的效率。

电机的输入功率可以由功率表读取,电机的效率可以由电机的效率曲线求得,代入式(3-4)即可计算出轴功率。

（三）效率 η

由于离心泵实际运转中存在各种能量损失,泵的实际(有效)压头和流量均低于理论值,而泵的输入功率比理论值高。反映泵中能量损失大小的参数称为效率。泵的效率可以表示为

$$\eta = \frac{N_e}{N} \tag{3-5}$$

其中

$$N_e = HQ\rho g \tag{3-6}$$

所以

$$\eta = \frac{HQ\rho g}{N} \tag{3-7}$$

式中: η—泵的效率;

N_e—泵的有效功率,W;

Q—泵的流量,m^3/s。

三、实验装置

实验采用综合流体力学实验装置,如图1-2所示。实验过程中,储水槽1内的水被离心泵2抽出,送入实验系统,经涡轮流量计13计量,由流量调节阀32调节流量,经管路回到储水槽。泵的出口和入口压力分别由泵的入口真空表3和出口压力表4测量。

四、实验步骤

1.向储水槽内注满水。

2.在离心泵出口阀关闭的情况下开启离心泵,缓慢打开流量调节阀32直至其全开,排出管路中的气泡。待系统内流体稳定,即系统内已没有气体,打开压力表和真空表的开关,测取数据。

3.用流量调节阀32调节流量,从零调至最大或从最大调至零,测取10~15组数据,同时记录涡轮流量计读数、泵入口真空度、泵出口压强、功率表读数与水温。

4.实验结束后,关闭流量调节阀,停泵,切断电源。

五、注意事项

1. 若之前较长时间未做实验,启动离心泵时应先用手盘动联轴器,检查转动是否灵活,否则易烧坏电机。

2. 启动离心泵前,必须关闭流量调节阀,关闭压力表和真空表的开关,以免损坏测量仪表。

3. 实验过程中,每调节一个流量,都要等流量和压差数据稳定后再记录数据。

4. 实验水质要清洁(最好使用蒸馏水),以免影响涡轮流量计运行。

六、数据记录与处理

1. 将实验数据填入表 3-1。

表 3-1 离心泵特性曲线测定实验数据记录表

吸入管路内径 $d=$____ mm   排出管路内径 $d=$____ mm   流体温度 $t=$____ ℃

流体密度 $\rho=$____ kg/m³   进出口高度差 $z_1-z_2=$____ m

序号	压力/MPa		输入功率/kW	流量 $Q/(m^3/h)$	压头 H/m	轴功率 N/kW	效率 $\eta/\%$
	入口	出口					
1							
2							
3							

2. 绘制离心泵特性曲线(H-Q 曲线、N-Q 曲线和 η-Q 曲线)。

3. 在离心泵特性曲线上标出高效区。

七、思考题

1. 为什么要测定离心泵特性曲线? 有何意义?

2. 离心泵特性曲线有哪几条?

3. 启动离心泵前应该做哪些准备工作? 为什么?

4. 离心泵的压头与流量有什么关系? 离心泵的压头与理论压头有何不同? 为什么?

5. 为什么离心泵的流量越大,真空表的读数越大?

6. 流量为零时,离心泵的真空表读数是否为零? 为什么?

7. 离心泵的效率和流量有什么关系?

8. 为什么要确定离心泵的高效区?

9. 离心泵的转速与流量有什么关系? 离心泵的电机型号确定后,改变流量时转速会不会改变?

实验 4　恒压过滤常数和压缩性指数的测定

一、实验目的

1. 了解板框压滤机的结构和工作原理。
2. 掌握恒压过滤常数和压缩性指数的测定方法。

二、实验原理

板框压滤机是一种压滤型间歇过滤机,其结构简单,制造方便,占地面积小,过滤面积较大,操作压力高,滤饼含固率高,滤液清澈,适用范围广,故应用颇为广泛。

(一)恒压过滤常数的测定

本实验在恒压操作条件下测定板框压滤机的过滤常数。在恒定压力差的条件下进行的过滤操作称为恒压过滤,是最常见的过滤方式。恒压过滤方程为

$$(q+q_e)^2 = K(\theta+\theta_e) \tag{4-1}$$

式中：q——单位过滤面积获得的滤液体积,m^3/m^2；

　　　q_e——单位过滤面积的虚拟滤液体积,m^3/m^2；

　　　θ——实际过滤时间,s；

　　　θ_e——虚拟过滤时间,s；

　　　K——过滤常数,m^2/s。

对式(4-1)微分,得

$$\frac{d\theta}{dq} = \frac{2}{K}q + \frac{2}{K}q_e \tag{4-2}$$

当各数据点的时间间隔不大时,$d\theta/dq$ 可以用增量之比 $\Delta\theta/\Delta q$ 代替,与之对应的 q 可以用单位过滤面积获得的滤液体积的平均值 q_{av} 代替。

$$q_{av} = \frac{q+q'}{2} \tag{4-3}$$

$$q = \frac{V}{A} \tag{4-4}$$

式中：q_{av}——单位过滤面积获得的滤液体积的平均值,m^3/m^2；

　　　q,q'——某一时刻和下一时刻的单位过滤面积获得的滤液体积,m^3/m^2；

　　　V——某一时刻的滤液量,m^3；

　　　A——过滤面积,m^2。

所以,式(4-2)变为

$$\frac{\Delta\theta}{\Delta q} = \frac{2}{K}q_{av} + \frac{2}{K}q_e \tag{4-5}$$

上式表明,q_{av} 与 $\Delta\theta/\Delta q$ 成线性关系。由直线的斜率 $2/K$ 和截距 $2q_e/K$ 可以计算出 K 和 q_e。

当 $\theta=0$ 时,$q=0$,式(4-1)可写成

$$q_e^2 = K\theta_e \tag{4-6}$$

此时,将 q_e 代入上式,可以计算出 θ_e。

（二）压缩性指数的测定

过滤常数 K 由物料特性及过滤压力决定。恒压过滤时,K 为常数,其定义式为

$$K = 2k\Delta p^{1-s} \tag{4-7}$$

对上式两边取对数,得

$$\lg K = (1-s)\lg \Delta p + \lg 2k \tag{4-8}$$

式中:k——过滤物料特性常数,$m^4/(N \cdot s)$;

　　Δp——过滤压差,Pa;

　　s——压缩性指数,无量纲。

由式(4-8)可知,Δp-K 图像在双对数坐标系中是一条直线。直线的斜率为 $1-s$,截距为 $\lg 2k$,由此可以计算出 s 和 k。

三、实验装置与试剂

（一）实验装置

实验采用恒压过滤实验装置,如图 4-1 所示。滤浆槽 10 内配有一定浓度的轻质碳酸钙悬浮液(浓度为 6%～8%),用电动搅拌器 2 搅拌均匀,搅拌器转速可以由调速器 1 调节(以浆液不出现旋涡为好)。悬浮液通过旋涡泵 12,经分支管路送入板框过滤机 8 或返回滤浆槽 10。经板框过滤机过滤后,滤液进入计量桶 13,滤液量可根据计量桶液位高度计算。过滤操作压力可由压力表 7 读取,具体压力数值可由阀门 3 调节(改变返回滤浆量)。

板框过滤机中带凹凸纹路的滤板和滤框交替排列,如图4-2所示。滤板和滤框的构造如图 4-3 所示。正方形滤板和滤框的角端均开有圆孔,将其装合、压紧后即构成供滤浆、滤液或洗涤液流动的通道。滤框的两侧覆以滤布,空框与滤布围成容纳滤浆及滤饼的空间。滤板又分为洗涤板和过滤板两种。滤板、滤框外侧铸有小钮以示区别:过滤板为一钮,滤框为二钮,洗涤板为三钮。

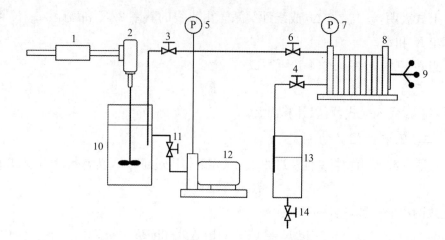

1—调速器；2—电动搅拌器；3、4、6、11、14—阀门；5、7—压力表；
8—板框过滤机；9—压紧装置；10—滤浆槽；12—旋涡泵；13—计量桶。

图 4-1　恒压过滤实验装置示意图

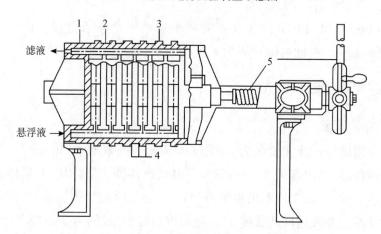

1—固定头；2—滤板；3—滤框；4—滤布；5—压紧装置。

图 4-2　板框过滤机示意图

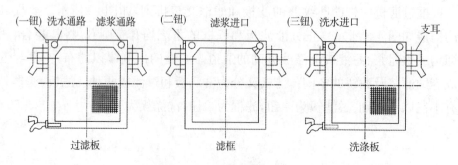

图 4-3　滤板和滤框示意图

如图 4-4 所示，过滤操作时，悬浮液在压力差推动下经滤浆通道由滤框角端的暗孔流入滤框，滤液穿过滤框两侧滤布，再经过相邻板面流至滤液出口被排出，固体则被截留于滤框内。滤饼充满滤框后,停止过滤。将洗水压入待洗涤滤饼,洗水经洗涤板角端的暗孔进入板面与滤布之间。此时,洗涤板下部的滤液出口是关闭的,洗水便在压力差推动下穿过整个滤饼及滤框两侧的两层滤布,最后由过滤板下部的滤液出口排出。

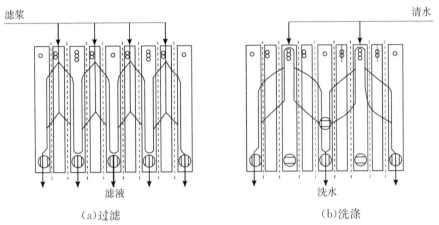

图 4-4　板框过滤机液体流动路径

(二)实验试剂

实验所用试剂为轻质碳酸钙。

四、实验步骤

1. 配制浓度为 6%~8% 的轻质碳酸钙悬浮液,置于滤浆槽 10 内。

2. 打开搅拌器电源开关,启动电动搅拌器 2,将滤浆槽 10 内的浆液搅拌均匀。

3. 装好板框过滤机(滤板、滤框排列顺序为固定头、过滤板、滤框、洗涤板、滤框、过滤板、可动头),用压紧装置压紧后待用。

4. 阀门 3 全开,阀门 4、6 和 11 全关。启动旋涡泵 12,调节阀门 3 使压力达到设定值。压力应控制在 0.05~0.2 MPa 范围内。

5. 待压力表数值稳定,打开阀门 6 开始过滤,同时记录压力表数值。当计量桶 13 内见到第一滴液体时开始计时,记录滤液高度每增加 10 mm 所用的时间。当计量桶 13 读数为 150 mm 时停止计时,并立即关闭阀门 6。

6. 打开阀门 3,使压力表数值下降。开启压紧装置,卸下过滤框内的滤饼并将其放回滤浆槽,将滤布清洗干净,放出计量桶内的滤液并倒回滤浆槽,保证滤浆浓度稳定。

7. 改变压力值,重复步骤 2~6。

8. 每组实验结束后,用洗水管路对滤饼进行洗涤,测定洗涤时间和洗水量。

9. 实验结束后,阀门 11 接自来水,阀门 4 接通下水,关闭阀门 3,对旋涡泵及滤浆进出口管路进行冲洗。

五、注意事项

1. 滤板与滤框之间的密封垫要放正,滤板与滤框上面的滤液进出口要对齐。滤板与滤框安装完毕,转动摇柄将过滤设备压紧,以免漏液。

2. 计量桶的流液管口应紧贴桶壁,防止液面波动影响读数。

3. 实验结束后须对泵及滤浆进出口管路进行冲洗。清洗过程中不得将自来水灌入滤浆槽。

4. 电动搅拌器为无级调速,使用时先接上系统电源,再打开调速器开关,调速钮应由小到大缓慢调节,切勿反方向调节或调节过快,以免损坏电机。

5. 启动搅拌器前,可用手旋转一下搅拌轴以保证启动顺利。

六、数据记录与处理

1. 量取计量桶的尺寸,然后计算计量桶的截面积 S,某一时刻计量桶中滤液的高度与计量桶截面积的乘积即滤液量 V。根据式(4-4)可以计算出单位过滤面积获得的滤液体积 q,代入式(4-3)可以计算出 q_{av}。由于每个时间节点滤液增加的高度都是 10 mm,因此,Δq 为一定值,可通过式(4-9)计算。

$$\Delta q = \frac{\Delta V}{A} = \frac{0.01S}{A} \tag{4-9}$$

将实验记录的数据及计算结果填入表 4-1。

2. 在直角坐标系中绘制 q_{av}-$\Delta\theta/\Delta q$ 图像,根据直线的斜率和截距计算出 K 和 q_e,代入式(4-6)计算 θ_e,填入表 4-2。

3. 在双对数坐标系中绘制 Δp-K 图像,根据斜率和截距计算出压缩性指数 s 和过滤物料特性常数 k。

表 4-1　恒压过滤实验数据记录表

过滤面积 $A=$＿＿ m^2　　　　计量桶截面积 $S=$＿＿ m^2

序号	高度/mm	$q/(m^3/m^2)$	$q_{av}/(m^3/m^2)$	压差/MPa	θ/s	$\Delta\theta/s$	$\Delta\theta/\Delta q$
1	10						
2	20						

续表

序号	高度/mm	$q/(\text{m}^3/\text{m}^2)$	$q_{av}/(\text{m}^3/\text{m}^2)$	压差/MPa	θ/s	$\Delta\theta/\text{s}$	$\Delta\theta/\Delta q$
3	30						
4	40						

表 4-2　压缩性指数测定实验数据记录表

过滤面积 $A=$ ＿＿ m^2　　　　计量桶截面积 $S=$ ＿＿ m^2

序号	斜率	截距	压差/MPa	$K/(\text{m}^2/\text{s})$	$q_e/(\text{m}^3/\text{m}^2)$	θ_e/s
1						
2						
3						
4						

七、思考题

1. 什么是恒压过滤?

2. K, q_e, θ_e, s 和 k 的物理意义分别是什么?

3. 过滤操作压力增大时,过滤速率如何变化?

4. 实验过程中记录滤液增加相同高度所需的时间,这种记录方式有什么好处?

5. 过滤操作时的过滤面积和洗涤过程的洗水流通面积有何差异?

实验 5　空气对流传热系数的测定

一、实验目的

1. 了解列管式换热器的工作原理。
2. 掌握总传热系数和空气对流传热系数的测定方法。
3. 了解对流传热系数的影响因素和强化传热的方法。
4. 了解对流传热准数关联式中待定系数的计算方法。

二、实验原理

(一)列管式换热器总传热系数的测定

列管式换热器是以封闭在壳体中管束的壁面作为传热面的间壁式换热器。这种换热器结构简单,操作可靠,可采用各种材料(主要是金属材料)制造,能在高温、高压条件下使用,是目前应用范围最广的换热器。其壳体多为圆筒形,内部装有管束,管束两端固定在管板上。进行换热的冷热两种流体,一种在管内流动(称为管程流体),另一种在管外流动(称为壳程流体)。本实验中管程流体为空气,壳程流体为水蒸气,两种流体逆向流动。

根据总传热速率方程,可得总传热系数 K(基于内表面)的计算式为

$$K = \frac{Q}{\Delta t_m S_i} \tag{5-1}$$

式中:K——基于内表面的换热器总传热系数,$W/(m^2 \cdot \text{℃})$;

Q——管内传热速率,W;

Δt_m——逆流换热平均温度差,℃;

S_i——换热面积(内管管内表面积),m^2。

Δt_m 可由下式确定:

$$\Delta t_m = \frac{(T_1 - t_2) - (T_2 - t_1)}{\ln \dfrac{T_1 - t_2}{T_2 - t_1}} \tag{5-2}$$

式中:t_1, t_2——冷流体(空气)的入口、出口温度,℃;

T_1, T_2——热流体(水蒸气)的入口、出口温度,℃。

换热面积 S_i 可由下式确定:

$$S_i = \pi d_i L \tag{5-3}$$

式中:d_i——内管管内径,m;

L——传热管测量段的实际长度,m。

Q 可由热量衡算式计算：

$$Q = w_c c_p (t_2 - t_1) \tag{5-4}$$

式中：w_c——冷流体(空气)在管内的质量流量，kg/s；

c_p——冷流体(空气)的比热容，J/(kg·℃)。

其中质量流量 w_c 由下式求得：

$$w_c = \frac{V_{c,m}\rho}{3600} \tag{5-5}$$

式中：$V_{c,m}$——冷流体(空气)在管内的平均流量，m³/h；

ρ——冷流体(空气)的密度，kg/m³。

c_p 和 ρ 可根据定性温度 t_{av} 查表得到，t_{av} 为冷流体入口、出口温度的平均值。

空气在管内的平均体积流量 $V_{c,m}$ 可由换热器空气入口流量 V_{t1} 校正获得。

$$V_{c,m} = V_{t1} \times \frac{273 + t_{av}}{273 + t_1} \tag{5-6}$$

换热器空气入口流量可由孔板流量计两端压差计算得到。

$$V_{t1} = C_0 A_0 \sqrt{\frac{2\Delta p}{\rho_{t1}}} \tag{5-7}$$

式中：V_{t1}——换热器空气入口流量，m³/h；

C_0——孔板流量计孔流系数，无量纲；

A_0——孔的面积，m²；

Δp——孔板两端压差，Pa；

ρ_{t1}——空气入口温度(流量计处温度)下的密度，kg/m³。

(二)空气对流传热系数的测定

基于内表面的换热器总传热系数 K 可表示为

$$\frac{1}{K} = \frac{1}{\alpha_i} + \frac{b d_i}{\lambda_w d_m} + \frac{d_i}{\alpha_o d_o} \tag{5-8}$$

分析可知，水蒸气的对流传热热阻、金属的导热热阻远小于空气的对流热阻，则根据上式可知 $K = \alpha_i$。根据式(5-1)，可得

$$\alpha_i = K = \frac{Q}{\Delta t_m S_i} \tag{5-9}$$

式中：α_i——空气对流传热系数，W/(m²·℃)；

α_o——水蒸气对流传热系数，W/(m²·℃)；

b——管壁厚度，m；

λ_w——管壁的导热系数，W/(m·℃)；

d_i，d_o，d_m——分别为管的内径、外径和平均直径，m。

另外，若通过热电偶测取内管外壁的温度，由于金属管热阻很小，可以忽略其

内外壁的温差,于是 α_i 也可由牛顿冷却定律求出,即

$$\alpha_i = \frac{Q}{\Delta t'_m S_i} \tag{5-10}$$

式中:$\Delta t'_m$——管壁与空气之间温度差的平均值,℃。

对比式(5-9)和式(5-10),可以发现二者略有区别(Δt_m 与 $\Delta t'_m$)。从热阻观点来看,式(5-9)忽略了水蒸气对流传热热阻和金属管壁导热热阻,而式(5-10)只忽略了金属管壁导热热阻,因此式(5-10)得到的 α_i 更准确。

（三）对流传热系数的准数关联式

空气在圆直管中强制对流传热时,对流传热系数的准数关联式可写成如下形式:

$$Nu = C Re^n Pr^m \tag{5-11}$$

$$Nu = \frac{\alpha_i d_i}{\lambda} \tag{5-12}$$

$$Re = \frac{d_i u \rho}{\mu} \tag{5-13}$$

$$Pr = \frac{c_p \mu}{\lambda} \tag{5-14}$$

式中:C——准数关联式中的系数,无量纲;

　　Nu——努塞特数,无量纲;

　　Re——雷诺数,无量纲;

　　Pr——普朗特数,无量纲;

　　λ——空气的导热系数,$W/(m \cdot ℃)$;

　　u——空气的平均流速,m/s;

　　μ——空气的黏度,$Pa \cdot s$;

　　n,m——准数关联式中的指数,无量纲。

以上各项空气物性参数的定性温度都是入口、出口温度的算术平均值 t_{av}。式(5-11)转化后两边同时取对数,得

$$\lg \frac{Nu}{Pr^m} = n\lg Re + \lg C \tag{5-15}$$

在实验条件下,上式中的 m 取 0.4。若以 $\dfrac{Nu}{Pr^{0.4}}$ 与 Re 为对应变量,在双对数坐标系中绘图可得到一条直线,则可分别由直线的斜率和截距求得 n 和 C,进而可以确定准数关联式。

三、实验装置

实验采用列管式换热器,实验装置如图 5-1 所示。实验的空气由风机提供,

经孔板流量计1进入列管式换热器4,在列管式换热器内与热流体水蒸气换热后放空。空气的流量由旁路上的流量调节阀调节。储水箱9中的水经蒸汽发生器10转变为水蒸气,水蒸气进入列管式换热器4与空气逆流接触换热,然后进入散热器6散热冷凝,冷凝后的水返回储水箱9循环使用。空气入口、出口温度和水蒸气入口、出口温度由相应位置的热电阻测得。

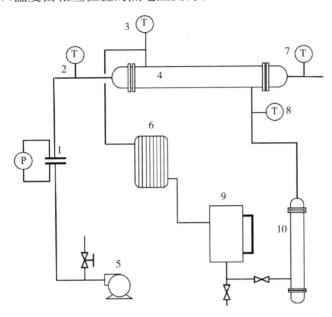

1—孔板流量计;2—空气入口测温点;3—蒸汽出口测温点;4—列管式换热器;5—风机;
6—散热器;7—空气出口测温点;8—蒸汽入口测温点;9—储水箱;10—蒸汽发生器。

图 5-1 空气对流传热系数测定实验装置示意图

四、实验步骤

1. 向储水箱中加蒸馏水至液位计 2/3 处。

2. 检查旁路上的流量调节阀是否全开,检查换热器蒸汽入口阀是否开启。

3. 接通电源总闸,启动电加热器开始加热,同时开启散热器风扇。

4. 待列管式换热器出口温度上升,启动风机。利用旁路上的流量调节阀调节空气流量,调至某一流量后稳定 5~8 min,分别测量空气的流量和冷空气入口、出口温度及水蒸气入口、出口温度。然后改变空气流量值,重复以上步骤,测量下一组数据。按流量从小到大的顺序,测量 5~6 组数据。

5. 实验结束后,依次关闭加热电源、风机和总电源。

五、注意事项

1. 实验前检查储水箱中的水位是否在正常范围内,实验过程中要保持储水箱中液位不低于箱体的 1/2。实验结束后，开始下一组实验前，如果发现水位过低，应及时补足水量。

2. 每次调节空气流量后，应至少稳定 5～8 min，然后再读取实验数据。

3. 实验中要保持上升蒸汽量的稳定，不可改变加热电压，应保持蒸汽出口一直有蒸汽排出。

六、数据记录与处理

1. 将实验数据和根据定性温度查出的物性参数填入表 5-1。

2. 根据实验数据计算 K，α_i，Nu，Re，Pr，填入表 5-1。

3. 在双对数坐标系中绘制 $Re-\dfrac{Nu}{Pr^{0.4}}$ 关系线，根据直线的斜率和截距计算准数关联式中的待定系数 n 和 C。

4. 根据实验结果分析对流传热系数的影响因素和强化传热的方法。

表 5-1 空气对流传热系数测定实验数据记录表

内管管内径 $d_i=$____ m   实际换热长度 $L=$____ m   换热面积 $S_i=$____ m^2

孔板流量计孔面积 $A_0=$____ m^2 孔板流量计孔流系数 $C_0=$____

序号	1	2	3	4	5	6
孔板流量计压差 Δp/kPa						
空气入口温度 t_1/℃						
空气入口温度下的密度 ρ_{t1}/(kg/m^3)						
空气出口温度 t_2/℃						
水蒸气入口温度 T_1/℃						
水蒸气出口温度 T_2/℃						
空气入、出口平均温度 t_{av}/℃						
空气密度 ρ/(kg/m^3)						
空气导热系数 λ/[W/(m·℃)]						
空气比热容 c_p/[J/(kg·℃)]						
空气黏度 μ/(Pa·s)						
逆流换热平均温度差 Δt_m/℃						
管壁与空气之间温度差的平均值 $\Delta t'_m$/℃						
空气入口流量 V_{t1}/(m^3/h)						
空气平均流量 $V_{c,m}$/(m^3/h)						
空气平均流速 u/(m/s)						
传热速率 Q/W						

续表

序号	1	2	3	4	5	6
总传热系数 $K/[W/(m^2 \cdot \text{℃})]$						
空气对流传热系数 $\alpha_i/[W/(m^2 \cdot \text{℃})]$						
雷诺数 Re						
努塞特数 Nu						
普朗克数 Pr						

七、思考题

1. 如何测取总传热系数 K？为什么可以用 K 近似代替空气对流传热系数？

2. 实验中的传热量采用的是水蒸气的放热量还是空气的吸热量？为什么？

3. 如何测取空气的流量？

4. 如何测取温度？

5. 影响空气对流传热系数的因素有哪些？

6. 强化传热的方法有哪些？

7. 除本实验中方法,还可以采用哪些方法求取准数关联式中的待定系数？

实验 6　吸 收 解 吸 系 数 的 测 定

一、实验目的

1.了解吸收塔和解吸塔的结构,了解吸收和解吸的操作流程。

2.掌握吸收塔体积吸收系数和解吸塔体积解吸系数的测定方法。

3.了解吸收塔体积吸收系数和解吸塔体积解吸系数的影响因素。

二、实验原理

吸收(解吸)系数是反映填料塔吸收性能的重要参数,也是计算吸收(解吸)速率的关键。由于填料的有效比表面积很难直接测定,一般将其与吸收(解吸)系数的乘积视为一个整体,称为“体积吸收(解吸)系数”。由于传质过程的影响因素较多,吸收(解吸)系数不仅与物性、设备类型、填料形状和规格有关,而且与塔内气体的流速、液体的喷淋密度和操作温度等密切相关。因此,对于吸收(解吸)系数,只能针对具体的物系,在一定设备和操作条件下通过实验测定。

本实验采用水吸收空气中的二氧化碳,同时联合解吸操作将水中的二氧化碳解吸出来,测定该过程的体积吸收系数和体积解吸系数。

（一）吸收实验

体积吸收系数计算式如下:

$$K_X a = \frac{L(X_1 - X_2)}{\Omega Z \Delta X_m}　\qquad (6\text{-}1)$$

式中:$K_X a$——液相体积吸收系数,$kmol/(m^3 \cdot h)$;

$\quad$ L——吸收塔水的摩尔流量,$kmol/h$;

$\quad$ X_1——出塔液体中 CO_2 的浓度(摩尔比),$kmol(CO_2)/kmol(H_2O)$;

$\quad$ X_2——入塔液体中 CO_2 的浓度(摩尔比),$kmol(CO_2)/kmol(H_2O)$;

$\quad$ Ω——吸收塔截面积,m^2;

$\quad$ Z——吸收塔填料层高度,m;

$\quad$ ΔX_m——塔内平均液相总推动力,无量纲。

水的摩尔流量可以根据转子流量计的读数计算得到:

$$L = \frac{L_0 \rho_w}{1000 M_w}　\qquad (6\text{-}2)$$

式中:L_0——水的体积流量,L/h;

$\quad$ ρ_w——水的密度,kg/m^3;

M_w——水的摩尔质量，kg/kmol。

出塔液体中 CO_2 的浓度 X_1 可以由物料衡算得到：

$$X_1 = \frac{V}{L}(Y_1 - Y_2) + X_2 \tag{6-3}$$

式中：Y_1——入塔气体中 CO_2 的浓度（摩尔比），kmol(CO_2)/kmol(H_2O)；

　　　Y_2——出塔气体中 CO_2 的浓度（摩尔比），kmol(CO_2)/kmol(H_2O)；

　　　V——吸收塔空气的摩尔流量，kmol/h。

实验采用去离子水作为吸收剂，可以认为去离子水中不含 CO_2，所以入塔液体中 CO_2 的浓度 $X_2=0$。入、出塔气体中 CO_2 的浓度 Y_1 和 Y_2 可以由气相色谱仪检测得到。空气的摩尔流量可以根据转子流量计的读数计算得到：

$$V = \frac{V_0 \rho_0}{M_{air}} \sqrt{\frac{293p}{101.325(t+273)}} \tag{6-4}$$

式中：V_0——空气转子流量计读数，m^3/h；

　　　ρ_0——20 ℃空气的密度，$\rho_0=1.205$ kg/m^3；

　　　M_{air}——空气的摩尔质量，$M_{air}=29$ kg/kmol；

　　　p——气压，kPa；

　　　t——气温，℃。

塔内平均液相总推动力可由下式计算得到：

$$\Delta X_m = \frac{(X_1^* - X_1) - (X_2^* - X_2)}{\ln \dfrac{X_1^* - X_1}{X_2^* - X_2}} \tag{6-5}$$

$$X_1^* = \frac{Y_1}{m} \tag{6-6}$$

$$X_2^* = \frac{Y_2}{m} \tag{6-7}$$

式中：X_1^*——与入塔气相组成 Y_1 平衡的液相组成，kmol(CO_2)/kmol(H_2O)；

　　　X_2^*——与出塔气相组成 Y_2 平衡的液相组成，kmol(CO_2)/kmol(H_2O)；

　　　m——相平衡常数，无量纲。

（二）解吸实验

体积解吸系数计算式如下：

$$K_Y a = \frac{V'(Y_2' - Y_1')}{\Omega' Z' \Delta Y_m} \tag{6-8}$$

式中：$K_Y a$——气相体积解吸系数，kmol/($m^3 \cdot$ h)；

　　　V'——解吸塔空气的摩尔流量，kmol/h；

　　　Y_2'——出塔气体中 CO_2 的浓度（摩尔比），kmol(CO_2)/kmol(空气)；

　　　Y_1'——入塔气体中 CO_2 的浓度（摩尔比），kmol(CO_2)/kmol(空气)；

Ω'——解吸塔截面积,m^2;

Z'——解吸塔填料层高度,m;

ΔY_m——塔内平均气相总推动力,无量纲。

与吸收过程类似,解吸过程中空气和水的流量可以用转子流量计测得,流量的校正可以参考式(6-4)和式(6-2),入、出塔气体中 CO_2 的浓度 Y_1' 和 Y_2' 可以由气相色谱仪检测得到。由于解吸塔将吸收后的液体用于解吸,进塔液体浓度 X_2' 约等于出塔液体的实际浓度。解吸塔出塔液体中 CO_2 的浓度 X_1' 可以根据物料衡算计算得到:

$$X_1' = \frac{V'}{L'}(Y_1' - Y_2') + X_2' \tag{6-9}$$

式中:L'——解吸塔水的摩尔流量,kmol/h;

X_1'——出塔液体中 CO_2 的浓度(摩尔比),$kmol(CO_2)/kmol(H_2O)$;

X_2'——入塔液体中 CO_2 的浓度(摩尔比),$kmol(CO_2)/kmol(H_2O)$。

解吸塔内平均气相总推动力可由下式计算得到:

$$\Delta Y_m = \frac{(Y_2^* - Y_2') - (Y_1^* - Y_1')}{\ln\dfrac{Y_2^* - Y_2'}{Y_1^* - Y_1'}} \tag{6-10}$$

$$Y_1^* = mX_1' \tag{6-11}$$

$$Y_2^* = mX_2' \tag{6-12}$$

式中:Y_1^*——与出塔液相组成 X_1' 平衡的液相组成,$kmol(CO_2)/kmol(空气)$;

Y_2^*——与入塔液相组成 X_2' 平衡的液相组成,$kmol(CO_2)/kmol(空气)$。

三、实验装置与试剂

(一)实验装置

实验装置如图 6-1 所示,具体物料走向如下:

1. 风机出口总管的空气分成两路:一路经流量计 FI01 与来自流量计 FI05 的 CO_2 混合后进入吸收塔底部,与塔顶喷淋下来的吸收剂(水)逆流接触吸收,吸收后的尾气排入大气。另一路经流量计 FI03 进入解吸塔底,与塔顶喷淋下来的含 CO_2 的水溶液逆流接触进行解吸,解吸后的尾气排入大气。

2. 钢瓶中的 CO_2 经减压阀、调节阀 VA05、流量计 FI05 进入吸收塔。

3. 水箱中的去离子水经吸收泵和流量计 FI02 进入吸收塔顶,去离子水吸收 CO_2 后流入塔底,经解吸泵和流量计 FI04 后进入解吸塔顶,解吸液和空气接触后流入塔底,经解吸后的溶液从解吸塔底经倒 U 管溢流至水箱。

吸收塔气相进口设有取样点 AI01,出口设有取样点 AI02;解吸塔气体进口设有取样点 AI03,出口设有取样点 AI04。

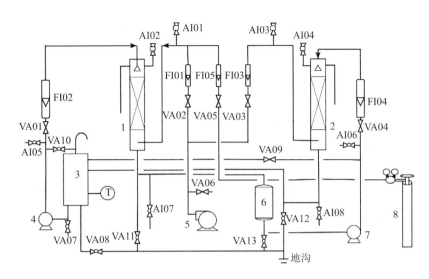

1—吸收塔；2—解吸塔；3—水箱；4—吸收泵；5—风机；6—缓冲罐；7—解吸泵；8—CO_2钢瓶；

VA01—吸收液流量调节阀；VA02—吸收塔空气流量调节阀；

VA03—解吸塔空气流量调节阀；VA04—解吸液流量调节阀；

VA05—吸收塔CO_2流量调节阀；VA06—风机旁路调节阀；VA07—吸收泵放净阀；

VA08—水箱放净阀；VA09—解吸泵回流阀；VA10—吸收泵回流阀；

VA11—吸收塔放净阀；VA12—解吸塔放净阀；VA13—缓冲罐放净阀；

AI01—吸收塔进气采样阀；AI02—吸收塔排气采样阀；AI03—解吸塔进气采样阀；

AI04—解吸塔排气采样阀；AI05—吸收塔顶液体采样阀；AI06—吸收塔底液体采样阀；

AI07—解吸塔顶液体采样阀；AI08—解吸塔底液体采样阀；

FI01—吸收塔空气流量计；FI02—吸收液流量计；FI03—解吸塔空气流量计；

FI04—解吸液流量计；FI05—CO_2气体流量计。

图6-1 吸收(解吸)实验装置示意图

（二）实验试剂

实验用所试剂为CO_2（钢瓶装，纯度大于99.8%）和去离子水。

四、实验步骤

1. 向水箱中加去离子水至水箱液位的75%。

2. 开启吸收泵和吸收泵回流阀VA10，待吸收塔底液体达到一定液位时，开启解吸泵及解吸泵回流阀VA09，让水进入填料塔润湿填料，调节吸收液流量调节阀VA01和解吸液流量调节阀VA04，使其流量稳定在设定值。注意：避免缓冲罐液位过高或过低，导致实验无法正常进行。

3. 全开阀门VA06、VA02、VA03，启动风机，逐渐关小阀门VA06，可微调阀门VA02、VA03，使通过流量计FI01、FI03的空气流量维持在$0.4\sim0.5\ \mathrm{m^3/h}$。实验过程中，维持此流量不变。

4. 开启阀门 VA05 和 CO_2 钢瓶总阀,微开减压阀,微调阀门 VA05,使 CO_2 流量保持在 $1\sim2$ L/min,对应的吸收塔进口 CO_2 浓度约为 10%。

5. 待操作系统稳定(约 30 min 后),通过采样阀 AI01 取样检测进口气体中 CO_2 浓度,通过采样阀 AI02 取样检测吸收塔出口气体中 CO_2 浓度。然后依次通过采样阀 AI03、AI04 取样,检测解吸塔进、出口气体中 CO_2 浓度。

6. 调节水流量(依次调节流量为 250 L/h、400 L/h、550 L/h、700 L/h),每个水流量稳定 5 min 后,按上述步骤依次取样检测。

7. 实验完毕,关闭 CO_2 钢瓶总阀。待 CO_2 流量计显示无流量,关闭减压阀,关停风机和水泵。

五、注意事项

1. 启动风机前,须确保风机旁路调节阀处于打开状态,防止风机因憋压而剧烈升温。

2. 泵为机械密封,必须在有水状态下使用。若泵内无水空转,易使机械密封件因升温而损坏,从而导致密封不严。

3. 由于 CO_2 是从钢瓶中经减压释放出来的,其流量稳定需要一定时间。为减少先开水和先开风机造成的浪费,最好提前 30 min 开启 CO_2 钢瓶总阀,待 CO_2 流量稳定,再开水和风机。

六、数据记录与处理

1. 将实验数据填入表 6-1 和表 6-2。

表 6-1 吸收塔吸收系数测定实验数据记录表

水温 $t_w=$ ____ ℃　　　　水密度 $\rho_w=$ ____ kg/m^3　　　空气流量 $V_0=$ ____ m^3/h

CO_2 流量 $V_{CO_2}=$ ____ L/h　　气温 $t=$ ____ ℃　　　　气压 $p=$ ____ kPa

相平衡常数 $m=$ ____　　　　吸收填料塔内径 $D=$ ____ m　吸收填料层高度 $Z=$ ____ m

序号	1	2	3	4
水流量计读数/(L/h)				
空气流量计读数/(m^3/h)				
入塔气体组成 Y_1(摩尔比)				
出塔气体组成 Y_2(摩尔比)				
ΔX_m				
液体喷淋密度/[kmol/($m^2 \cdot$ h)]				
K_Xa/[kmol/($m^3 \cdot$ h)]				

表 6-2　解吸塔解吸系数测定实验数据记录表

水温 $t_w =$ ＿＿＿ ℃　　　　　水密度 $\rho_w =$ ＿＿＿ kg/m³　　　空气流量 $V_0 =$ ＿＿＿ m³/h

CO_2 流量 $V_{CO_2} =$ ＿＿＿ L/h　　气温 $t =$ ＿＿＿ ℃　　　　　气压 $p =$ ＿＿＿ kPa

相平衡常数 $m =$ ＿＿＿　　　　解吸填料塔内径 $D =$ ＿＿＿ m　　解吸填料层高度 $Z =$ ＿＿＿ m

序号	1	2	3	4
水流量计读数/(L/h)				
空气流量计读数/(m³/h)				
入塔气体组成 Y_1(摩尔比)				
出塔气体组成 Y_2(摩尔比)				
ΔY_m				
液体喷淋密度/[kmol/(m²·h)]				
$K_Y a$/[kmol/(m³·h)]				

2. 计算不同水流量条件下的吸收塔体积吸收系数和解吸塔体积解吸系数。

3. 在双对数坐标系中绘出 $K_X a$ 与液体喷淋密度 L/Ω 关系曲线和 $K_Y a$ 与液体喷淋密度 L/Ω 关系曲线。

七、思考题

1. 什么是亨利定律？

2. 操作温度和压力对吸收效果有何影响？

3. 什么是吸收推动力？

4. 影响体积吸收系数的因素有哪些？

5. 何为气膜控制吸收？何为液膜控制吸收？

6. 工业上解吸的操作方法有哪些？本实验采用的是哪种方法？

实验 7　筛板精馏塔总板效率的测定

一、实验目的

1. 了解筛板精馏塔的结构。
2. 掌握筛板精馏塔的操作方法。
3. 掌握测取部分回流或全回流条件下总板效率的方法。

二、实验原理

蒸馏是利用液体混合物中各组分的挥发度不同而达到分离目的的。此项技术现已广泛应用于石油、化工、食品加工及其他领域。根据料液分离的难易程度、分离物的纯度,蒸馏可分为一般蒸馏、普通精馏及特殊精馏等。

在筛板精馏塔中,混合液的蒸气逐板上升,回流液逐板下降,气液两相在塔板上接触,实现气液传质和传热过程,从而达到分离的目的。如果在某层塔板上,下降的液体与上升的蒸气达到平衡状态,则该塔板称为理论板。然而在实际操作中,气液接触时间有限,气液两相一般不可能达到平衡,即实际塔板达不到理论板的分离效果,因此精馏塔所需的实际板数一般比理论板数多。为反映这种差异,我们引入"板效率"这一概念。板效率有多种表示方法,本实验测取的是二元物系的总板效率,计算式如下:

$$E_P = \frac{N_T}{N_P} \tag{7-1}$$

式中:E_P——总板效率;

　　N_T——完成一定分离任务的理论板数;

　　N_P——实际塔板数。

筛板精馏塔内各层塔板的传质效果并不相同,总板效率只反映塔板的平均效率。总板效率是精馏设计中的必要参数,与塔的结构、操作条件、物质性质和组成等有关,无法仅凭计算得出其可靠值,常常需要通过实验测取。实验中实际塔板数是已知的,只要测取有关数据并计算理论板数即可得到总板效率。

本实验测取部分回流和全回流两种情况下的总板效率。测取塔顶产品浓度、塔底产品浓度、进料浓度、回流比,确定进料热状况,即可画出平衡线、精馏段操作线、提馏段操作线,然后通过作图法得出理论板数。在全回流情况下,操作线与对角线重合,此时用作图法求取理论板数更为简单。

三、实验装置与试剂

(一)实验装置

实验所用装置为筛板精馏塔,如图 7-1 所示。精馏塔的内径为 68 mm,总高度为 3000 mm,塔内有筛板(提馏段为 4 块板,精馏段为 11 块板)及弓形降液管,一般由下进料管进料,板间距为 70 mm,板上孔径为 3 mm,筛孔数为 50 个,开孔率为 9.73%。精馏塔设有 3 个玻璃视盅,分别位于第 5、6 块板之间,第 6、7 块板之间,第 14、15 块板之间,可用于查看塔内情况。第 7 块板为灵敏板。

塔顶为列管式冷凝器,冷却水在管外,蒸气在管内冷凝,冷却水流量为 25～250 L/h。回流比由回流流量计与产品流量计数值确定,其中回流流量计量程为 10～100 mL/min,产品流量计量程为 2.5～25 mL/min。料液由进料泵从原料罐中泵出,经进料流量计计量后进入塔内。进料流量计量程为 16～160 mL/min。塔釜由电加热器加热,其加热功率可调节,最大加热功率为6 kW。塔釜压力由压力表测量,其量程为 0～10 kPa。

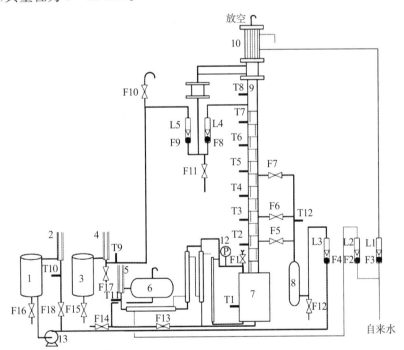

1—原料罐;2—原料罐取样管;3—塔顶产品罐;4—塔顶取样管;5—塔釜取样管;

6—塔釜产品罐;7—塔釜;8—预热器;9—精馏塔;10—全凝器;11—馏分罐;

12—塔釜压力表;13—进料泵;T1～T12—测温点;L1～L5—流量计;F1～F18—阀门。

图 7-1 筛板精馏塔总板效率测定实验装置示意图

（二）实验试剂

实验所用试剂为乙醇（分析纯）。

四、实验步骤

（一）全回流

1. 向塔釜加入体积分数为 7%～8%的乙醇水溶液（一开始加纯水也可以，不过稳定需要的时间更长），釜液位与塔釜出料口持平。

2. 打开塔顶冷凝器进水阀 F3（流量不低于 150 L/h）、塔釜出液冷却水阀 F2（流量不低于 120 L/h）。

3. 开启电加热器电源，将加热功率调到最大，待塔釜有蒸气出现，可调低加热功率至适当值，使塔釜压力维持在 1.5～3 kPa。

4. 关闭塔顶出料阀 F9，全开回流控制阀 F8，使塔处于全回流操作状态。

5. 观察塔内情况，当塔板上泡沫层正常，各塔板泡沫层高度大体相等，并且各点温度基本保持稳定，维持稳定操作一段时间（20 min 以上），然后分别从塔顶和塔釜处取样。待试样冷却至常温，用酒精计测定其酒精度（乙醇的体积分数），同时测定对应的温度。

（二）部分回流

在全回流操作的基础上，精馏塔充分稳定后即可进行部分回流操作。

1. 配制体积分数为 20%～40%的乙醇水溶液，测定酒精度后加入原料罐。

2. 打开进料泵，开启进料管进料阀 F6，调节进料流量阀 F4，调节进料流量为 110～140 mL/min。

3. 微调加热电压，使塔釜基本保持原来的压力，灵敏板的温度上升至80～82 ℃并维持在此温度范围内。

4. 开启塔顶出料阀 F9，控制塔顶产品流量为 10～20 mL/min。调节 F9 至得到合适的塔顶回流比（$R=V_L/V_D$），一般为 4～8。

5. 分别从塔顶、塔釜、进料处取样，待试样冷却至常温，用酒精计测定其酒精度，同时测定对应的温度。

6. 实验完毕，关闭塔顶出料阀 F9、进料流量阀 F4 和进料泵，维持全回流状态约 5 min，然后关闭加热电压。待板上无气液，关闭塔顶和塔底冷却水。

五、注意事项

1. 由于塔釜电加热器为湿式加热，塔釜有足够液体时（液体须盖过电加热管）才能启动电加热，否则会烧坏电加热器。严禁在塔釜内液体不足时启动加热。

2. 启动进料泵前，须保证原料罐内有原料液，长期空转会使进料泵因温度升高而损坏。第一次运行时,须排出泵内空气。若不进料,应及时关闭进料泵。

3. 塔釜出料操作时,应密切观察塔釜液位,防止液位过高或过低。塔釜放料操作时严禁无人看守。

4. 塔釜放净阀 F13 和 F14 只在塔釜或塔釜产品罐需要放净内容物时打开。

5. 冬季室内温度降至冰点以下时,设备内严禁存水。

六、数据记录与处理

1. 将塔釜压力、塔顶温度、塔釜温度、进料温度、样品的酒精度 V_t 和测定酒精度时的温度 t 填入表 7-1 和表 7-2,然后根据式(7-2)将塔顶产品、塔釜残液及原料液在温度 t 下的酒精度 V_t 折算成 20 ℃条件下的酒精度 V_{20}:

$$V_{20} = A t^2 + B t + C \tag{7-2}$$

$A = -1.586 \times 10^{-10} V^4 + 4.545 \times 10^{-8} V^3 - 5.218 \times 10^{-6} V^2 + 2.546 \times 10^{-4} V - 4.482 \times 10^{-3}$

$B = 1.027 \times 10^{-8} V^4 + 3.516 \times 10^{-6} V^3 + 5.035 \times 10^{-4} V^2 - 2.780 \times 10^{-2} V - 0.1205$

$C = -2.659 \times 10^{-3} V^2 + 1.285 V + 0.3685$

再根据式(7-3)由标准酒精度 V_{20} 计算出对应的摩尔分数 x:

$$x = \frac{17.126 V_{20}}{55.394 - 38.268 V_{20}} \tag{7-3}$$

将计算得到的塔顶产品摩尔分数 x_D、塔釜产品摩尔分数 x_W 和原料摩尔分数 x_F 填入表 7-1 和表 7-2。记录部分回流时的进料热状况参数 q、进料流量 V_F、塔顶产品流量 V_D 和回流液流量 V_L,并计算回流比 R,填入表 7-3。

表 7-1 全回流时实验数据及计算结果表

塔顶产品				塔釜残液				压力	N_T	E_P
t	V_t	V_{20}	x_D	t	V_t	V_{20}	x_W			

表 7-2 部分回流时实验数据记录表

塔顶产品				进料				塔釜残液			
t	V_t	V_{20}	x_D	t	V_t	V_{20}	x_F	t	V_t	V_{20}	x_W

表 7-3　部分回流时实验结果汇总表

压力/Pa	温度/℃			流量/(mL/min)			R	q	N_T	E_P
	塔顶	塔釜	进料	V_F	V_L	V_D				

2. 根据表 7-4 中气液平衡时的气相摩尔分数 y 和液相摩尔分数 x 作出 x-y 图。对于全回流实验，确定 (x_D,x_D) 和 (x_W,x_W) 坐标后，在对角线和平衡线之间作梯级以确定理论板数，根据式(7-1)可计算出总板效率。对于部分回流实验，需要进一步绘制精馏段操作线和提馏段操作线。

表 7-4　乙醇-水气液平衡数据

序号	$t/℃$	$x/\%$	$y/\%$	序号	$t/℃$	$x/\%$	$y/\%$
1	100.0	0.00	0.00	9	81.50	32.73	58.26
2	95.50	1.90	17.00	10	80.70	39.65	61.22
3	89.00	7.21	38.91	11	79.80	50.79	65.64
4	86.70	9.66	43.75	12	79.70	51.98	65.99
5	85.30	12.38	47.04	13	79.30	57.32	68.41
6	84.10	16.61	50.89	14	78.74	67.63	73.85
7	82.70	23.37	54.45	15	78.41	74.72	78.15
8	82.30	26.08	55.80	16	78.15	89.43	89.43

3. 根据 (x_D,x_D) 和 $\left(0,\dfrac{x_D}{R+1}\right)$ 两点坐标，在 x-y 图中作出精馏段操作线，利用两点式写出精馏段操作线方程。

4. 确定进料热状况参数 q 和 q 线方程。

(1)根据 x_F 的数值，可在图 7-2 中分别查出露点 t_d 和泡点 t_b。也可利用表7-1 中的数据插值得到 x_F 对应的露点 t_d 和泡点 t_b。

(2)确定进料热状况参数 q。

$$q = \frac{I_V - I_F}{I_V - I_L} \tag{7-4}$$

$$I_V = x_F[c_{p,AV}(t_d-0) + r_A] + (1-x_F)[c_{p,BV}(t_d-0) + r_B] \tag{7-5}$$

$$I_L = x_F[c_{p,AL}(t_b-0)] + (1-x_F)[c_{p,BL}(t_b-0)] \tag{7-6}$$

$$I_F = x_F[c_{p,AF}(t_F-0)] + (1-x_F)[c_{p,BF}(t_F-0)] \tag{7-7}$$

式中：I_V——在组成 x_F，露点 t_d 条件下，饱和蒸气的焓，kJ/kmol；

I_L——在组成 x_F，泡点 t_b 条件下，饱和液体的焓，kJ/kmol；

I_F——在组成 x_F、实际进料温度 t_F 条件下，原料实际的焓，kJ/kmol；

$c_{p,AV}$、$c_{p,BV}$——乙醇和水在定性温度 $(t_d+0)/2$ 的比热，kJ/(kmol·K)；

r_A，r_B——乙醇和水在露点 t_d 的汽化热，kJ/kmol；

$c_{p,AL}$、$c_{p,BL}$——乙醇和水在定性温度 $(t_b+0)/2$ 的比热，kJ/(kmol·K)；

$c_{p,AF}$、$c_{p,BF}$——乙醇和水在定性温度 $(t_F+0)/2$ 的比热，kJ/(kmol·K)。

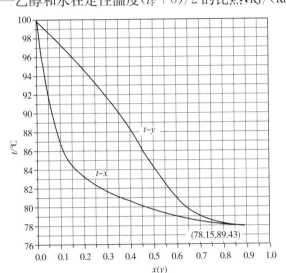

图 7-2　乙醇-水体系 t-$x(y)$ 图

(3)根据 q 和 x_F 的数值以及式(7-8)确定 q 线方程。

$$y = \frac{q}{q-1}x - \frac{x_F}{q-1} \tag{7-8}$$

5.将精馏段操作线方程和 q 线方程联立，解出交点坐标 (x_q, y_q)。根据 (x_W, x_W) 和 (x_q, y_q) 两点坐标，在 x-y 图中作出提馏段操作线。

6.用作图法确定实验条件下的理论板数，进一步得出总板效率。

七、思考题

1.全回流和部分回流在操作上有何差异？

2.塔底和塔顶温度与什么条件有关？

3.回流比对分离效果有何影响？

4.采用普通精馏分离乙醇和水的混合物能否获得纯乙醇？为什么？

5.除了作图法，还可以用哪些方法确定理论板数？

实验 8　循环风洞干燥实验

一、实验目的

1. 了解干燥实验设备的操作流程及工作原理。
2. 掌握物料在恒定干燥条件下的干燥曲线及干燥速率曲线的测定方法。
3. 了解恒速干燥阶段对流传热系数和传质系数的测定方法。

二、实验原理

(一)干燥曲线

干燥曲线是指物料含水量(X)与干燥时间(τ)的关系曲线。当大量热空气与少量湿物料接触,空气的温度、湿度、气速及流动方式都可以认为恒定不变,可视为恒定干燥过程。此条件下的湿物料干燥曲线可通过实验测定。实验过程中须记录每一时间间隔内物料质量的变化以及物料表面温度,直至物料质量恒定,此时物料含水量为该干燥条件下的平衡水分。将物料置于电烘箱内,干燥至恒重,即得绝干物料的质量,进而可计算任一干燥时间的含水量,绘制干燥曲线。

(二)干燥速率曲线

干燥速率定义为单位时间内、单位干燥面积上蒸发的水分质量,即

$$U = \frac{\mathrm{d}W}{S\mathrm{d}\tau} \tag{8-1}$$

式中:U——干燥速率,kg/(m^2·s);

　　S——干燥面积,m^2;

　　τ——干燥时间,s。

由于

$$\mathrm{d}W = -G_\mathrm{c}\mathrm{d}X \tag{8-2}$$

式中:W——水分蒸发量,kg;

　　G_c——绝干物料质量,kg;

　　X——物料的干基含水量,kg(水)/kg(干物料)。

因此,式(8-1)可改写为

$$U = -\frac{G_\mathrm{c}\mathrm{d}X}{S\mathrm{d}\tau} \tag{8-3}$$

以干燥速率 U 为纵坐标,以干基含水量 X 为横坐标,即可绘制出干燥速率曲线。

(三)对流传热系数和传质系数

干燥速率曲线的形式因物料种类而异,但是一般可分为两个阶段,即恒速干

燥阶段和降速干燥阶段。在恒速干燥阶段,物料的表面非常湿润,与湿球温度计纱布的状况相似,因此在恒定条件下,物料表面温度可认为等于湿球温度。当湿球温度一定,物料表面的含水量也为一定值时,物料表面与空气间同时存在传热和传质,对流传热和传质速率可分别用式(8-4)和式(8-5)表示。

$$\frac{dQ}{Sd\tau} = \alpha(t - t_w) \tag{8-4}$$

$$\frac{dW}{Sd\tau} = k_H(H_w - H) \tag{8-5}$$

式中:Q——恒速干燥阶段空气传给物料的热量,kJ;

　　　t——空气的温度,℃;

　　　t_w——湿球温度,℃;

　　　α——对流传热系数,W/(m² · s);

　　　k_H——传质系数,kg(水)/(m² · s);

　　　H——空气的湿度,kg(水)/kg(干空气);

　　　H_w——物料表面的空气湿度,kg(水)/kg(干空气)。

在恒定干燥条件下,物料表面的空气湿度等于温度为 t_w 时的饱和湿度,且空气传给湿物料的显热恰好等于水分蒸发所需要的汽化热,即

$$dQ = r_w dW \tag{8-6}$$

式中:r_w——温度为 t_w 时水的汽化热,kJ/kg。

将式(8-4)和式(8-5)代入式(8-6),得

$$U = \frac{dW}{Sd\tau} = \frac{dQ}{r_w Sd\tau}$$

$$U = k_H(H_w - H) = \frac{\alpha}{r_w}(t - t_w)$$

所以,α 和 k_H 可分别通过式(8-7)和式(8-8)计算得到。

$$\alpha = \frac{Ur_w}{t - t_w} \tag{8-7}$$

$$k_H = \frac{U}{H_w - H} \tag{8-8}$$

由于干燥是在恒定的空气条件下进行的,故 α 和 k_H 为恒定值,$(t - t_w)$ 和 $(H - H_w)$ 也为恒定值,其中 H 和 H_w 可以根据 t 和 t_w 查湿空气的温度-焓(H-I)图或计算得到。

三、实验装置

图 8-1 为循环风洞干燥实验装置示意图。实验过程中,新鲜空气经阀门 12 调节流量后与循环的废气汇合,进入风机 1,由孔板流量计 2 和温度计 3 测量流量

和温度后进入预热器 6,预热后进入洞道干燥器 9。洞道内的被干燥物料为纺织布料,固定于支架上,其质量可由质量传感器 4 实时测量。洞道内的干、湿球温度分别由干、湿球温度计 7、8 测量。废气经由阀门 10 排出,进入循环的废气流量由阀门 11 调节。

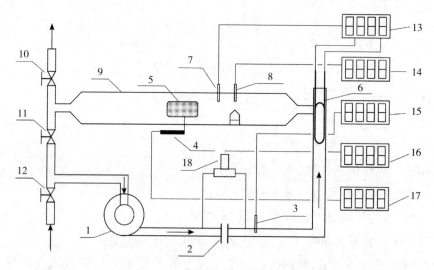

1—风机;2—孔板流量计;3—空气进口温度计;4—质量传感器;5—被干燥物料;

6—预热器;7—干球温度计;8—湿球温度计;9—洞道干燥器;10—废气排出阀;

11—废气循环阀;12—新鲜空气进气阀;13—干球温度显示控制仪表;

14—湿球温度显示仪表;15—进口温度显示仪表;16—流量压差显示仪表;

17—质量显示仪表;18—压力变送器。

图 8-1　循环风洞干燥实验装置示意图

四、实验步骤

1.将试样置于水中,充分浸泡。

2.向湿球温度计的附加蓄水瓶内补充适量的水至半满。

3.将空支架安装在洞道内。

4.调节新鲜空气进气阀至其全开,开动风机,调节阀门 10～12,将空气流量调至设定值。

5.在温度显示仪表上调节实验所需温度值,让预热器通电加热。待干燥器的流量和干球温度稳定达 5 min,即可开始实验。此时,质量传感器显示的数值为试样支架的质量。

6.将试样从水中取出,去除浮挂在其表面的水分(最好用力挤去所含的水分,以免干燥耗时过长)。

7.将试样安装在干燥器内的支架上,立即按下秒表开始计时,并记录质量传感器的读数。然后每隔一段时间（3 min）记录一次数据（时间、样品质量和干、湿球温度），直至试样的质量基本不变（连续 3 次测定值相差不超过 0.1 g）。

8.将试样置于电热烘干箱中干燥，测定试样的绝干物料质量 G_c。

五、注意事项

1.安装试样时注意保护传感器，以免用力过大使传感器出现机械性损伤。

2.设定温度时，不可改动其他仪表参数，以免影响控温效果。

3.为保护设备，开车时一定要先开风机，后开空气预热器；停车时则相反。

4.突然断电后，再次开始实验前，应先检查风机开关、预热器开关是否已打开，如果已打开，须先关闭。

六、数据记录与处理

1.将实验数据填入表 8-1。根据式（8-9）和式（8-11）计算试样的干基含水量 X_i 和 $dX/d\tau$，代入式（8-3）可求得干燥速率 U。

$$X_i = \frac{G_i - G_c}{G_c} \tag{8-9}$$

$$G_i = G_{T,i} - G_d \tag{8-10}$$

$$\frac{dX}{d\tau} \approx \frac{\Delta X}{\Delta \tau} = \frac{X_{i+1} - X_i}{\tau_{i+1} - \tau_i} \tag{8-11}$$

式中：G_i——第 i 组被干燥物料的质量，kg；

$G_{T,i}$——第 i 组质量传感器的读数，kg；

G_d——试样支架的质量，kg；

$\tau_{i+1} - \tau_i$——相邻两组实验数据的时间间隔，s；

$X_{i+1} - X_i$——自 τ_i 至 τ_{i+1}，试样的干基含水量变化，kg（水）/kg（干物料）。

表 8-1 循环风洞干燥实验数据记录表

干球温度 $t=$____℃　　　　湿球温度 $t_w=$____℃　　　　支架质量 $G_d=$____kg

绝干物料质量 $G_c=$____kg　　流量计处空气温度 $t_0=$____℃　　空气流量 $V=$____m^3/s

试样尺寸：长=____mm，宽=____mm，厚=____mm

序号	累计时间/min	总质量 G_T/kg	干基含水量 X/[(kg(水)/kg(干物料)]	干燥速率 U/[kg/($m^2 \cdot s$)]
1	0			
2	3			
3	6			
4	9			
5	12			

序号	累计时间/min	总质量 G_T/kg	干基含水量 X/[(kg(水)/kg(干物料)]	干燥速率 U/[kg/(m² · s)]
6	15			
7	18			
8	21			
9	24			
10	27			
...	...			

2. 根据实验结果绘制干燥曲线和干燥速率曲线。

3. 计算恒速干燥阶段对流传热系数 α 和传质系数 k_H。

七、思考题

1. 恒速干燥阶段和降速干燥阶段有哪些不同？

2. 为什么说干燥过程既有传热又有传质？

3. 循环使用废气有什么好处？

4. 气流温度不同时，干燥速率曲线有什么不同？

实验 9　临界流化速度的测定

一、实验目的

1. 了解散式流化特征和床层变化情况。
2. 掌握测定液固系统临界流化速度、绘制压降与流速关系曲线的方法。
3. 掌握测定最小流化系数的方法。

二、实验原理

流体由下向上通过固体颗粒床层时,若流体速度较低,则颗粒所受的曳力不足以使颗粒运动,此时颗粒静止,流体通过静止颗粒之间的空隙流动,这种床层称为固定床。如图 9-1 中 AC 段所示,此时流体通过颗粒床层的压降 Δp 与流速 u 在双对数坐标系中成正比。流速增至一定值时,颗粒床层开始松动,床层略有膨胀,但颗粒仍保持相互接触,不能自由运动,这种情况称为初始流化或临界流化。此时的流体流速称为临界流化速度,即图 9-1 中 C 点对应的流速。过此临界点后再继续增大流速,固体颗粒将悬浮于流体中做随机运动,床层将随流速增大而膨胀,空隙率也随之增大,此时颗粒与流体之间的摩擦力恰好与其净重力平衡,如图 9-1 中 CE 段所示,流体通过颗粒床层的压降 Δp 基本不随流速 u 变化。这种床层具有类似流体的性质,故称为流化床。

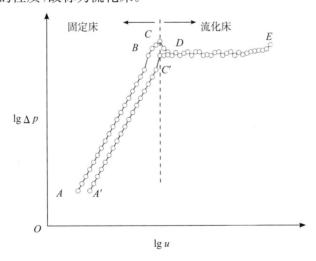

图 9-1　流化床 Δp-u 关系曲线

流化床内颗粒与流体的密度差不同,颗粒尺寸及床层尺寸不同,会使流化床内颗粒与流体的相对运动呈现不同的形式,主要有散式流化和聚式流化两种形式。散式流化亦称均匀流化,其特点是固体颗粒均匀地分散在流化介质中。随流速增大,颗粒间的距离均匀增大,床层逐渐膨胀但没有气泡产生,保持稳定的上界面。通常情况下,两相密度差小的液固系统趋向于散式流化,密度差较大的气固系统一般趋向于聚式流化。聚式流化时,床层内分为两相:一相是空隙小、固体浓度大的气固均匀混合物构成的连续相,称为乳化相;另一相则是夹带少量固体颗粒、以气泡形式通过床层的不连续相,称为气泡相。气泡相在上升过程中逐渐长大、合并,至床层上界面处破裂,使得床层极不稳定,上界面以某种频率上下波动,床层压降也随之波动。

本实验研究的是液固系统的散式流化过程。临界流化速度可通过关联式计算或通过实验测取。例如,当床层颗粒球形度变化不大时(0.6~0.7),临界流化速度可通过式(9-1)计算。

$$u_{mf} = C_{mf} \frac{d_p^2 (\rho_s - \rho) g}{\mu} \tag{9-1}$$

式中:u_{mf}——临界流化速度,m/s;

C_{mf}——最小流化系数;

d_p——床层颗粒的平均直径或平均当量直径,m;

ρ_s——颗粒密度,kg/m³;

ρ——流体密度,kg/m³;

g——重力加速度,9.81 m/s²;

μ——流体黏度,Pa·s。

然而,通过关联式计算流化速度存在一定的偏差,而且计算所需的许多参数不容易获得。在实验中可以利用床层压降-流速关系曲线测出 u_{mf} 值。在双对数坐标系中标绘压降与流速对应关系:开始时压降随流速增大而增大,当达到最高峰后略有下降,然后在较大范围内基本处于稳定状态,直至气流输送阶段,其中转折点处所对应的流速即 u_{mf}。测得 u_{mf} 后,根据式(9-1)可以进一步测得最小流化系数 C_{mf}。

三、实验装置

实验采用液固流化床系统,流体用水,固体用石英颗粒。实验装置如图9-2所示,水经转子流量计 7 进入流化床底部,床层压降可根据测压管 6 的水柱高度与床层 2 上面的水位之差计算得到。

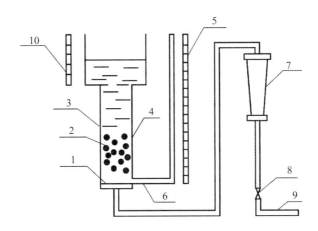

1—支撑板;2—床层;3—溢流管;4—床体;5—测压管刻度尺;6—测压管;
7—转子流量计;8—控制阀;9—进水管;10—床层刻度尺。

图 9-2 临界流化速度测定实验装置示意图

四、实验步骤

1.打开控制阀,调至适当流量,排出管路中的气体,水清澈后关闭控制阀。

2.打开控制阀,由小到大调节流量,同时记录测压管和床层液位高度,所测数据应大于 16 组;然后由大到小调节流量,同时记录测压管和床层液位高度,所测数据仍应大于 16 组。

3.关闭阀门,结束实验。

五、注意事项

1.测定过程中,流速从小到大与流速从大到小所测的曲线并不相同。前者在固定床范围内的压降明显大于后者,因为由固定床转化为流化床时,床层要比相反过程更紧密一些,需要较大的推动力才能使床层松动。

2.在临界流化速度附近,测量点要密集些,以便测出高峰和转折点。

六、数据记录与处理

1.将实验所测数据填入表 9-1。

2.在双对数坐标系中绘制床层压降-流速关系曲线。

3.根据床层压降-流速关系曲线确定临界流化速度 u_{mf}。

4.根据式(9-1)计算最小流化系数 C_{mf}。

表 9-1　临界流化速度测定实验记录表

水温 $t=$ ___ ℃　　　　　　静床层高度 = ___ mm　　　　　床层直径 = ___ mm

颗粒密度 $\rho_s=$ ___ kg/m³　　水密度 $\rho=$ ___ kg/m³　　　　水黏度 $\mu=$ ___ Pa·s

颗粒直径 $d_p=$ ___ mm

序号	测压管液位/mm	床层液位/mm	床层压差/Pa	转子流量计读数/(L/h)	流速/(m/s)
1					
2					
3					

七、思考题

1. 流化的原理是什么？为什么流化过程中床层的压力不变？

2. 流化过程中有哪些异常现象？

3. 什么是聚式流化？什么是散式流化？

4. 床层颗粒大小和密度大小对流化过程有何影响？

5. 临界流化速度的大小与哪些因素有关？

化工分离工程实验

实验 10　板式塔冷模实验

一、实验目的

1. 了解塔板上气液两相的接触状态。
2. 掌握塔板流体力学性能的测定方法。

二、实验原理

板式塔是常用的气液传质设备。在塔内,液体自上而下流动,气体自下而上通过,气液两相在塔板上接触并传质。气液两相的接触状态和塔板的流体力学性能是影响传质效果的重要因素。

(一)塔板上气液两相的接触状态

当液相流量一定时,随着气速的提高,塔板上可能出现四种不同的接触状态,即鼓泡状态、蜂窝状态、泡沫状态及喷射状态,如图 10-1 所示。其中,泡沫状态和喷射状态均为优良的塔板工作状态。为减少雾沫夹带,大多数塔都控制在泡沫状态下操作。

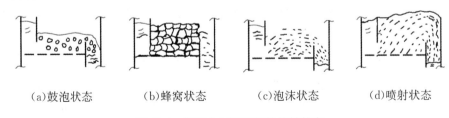

(a)鼓泡状态　　　(b)蜂窝状态　　　(c)泡沫状态　　　(d)喷射状态

图 10-1　塔板上气液两相的接触状态

(二)塔板压降

上升的气流通过塔板时需要克服塔板本身的干板阻力(板上各部件所造成的局部阻力)、板上充气液层的静压力和液体的表面张力。气体通过塔板时克服这三部分阻力就形成了该板的总压降。气体通过塔板时的压降是影响板式塔操作特性的重要因素,因为气体通过各层塔板的压降直接影响塔底的操作压力。特别是在进行真空精馏时,塔板压降为主要性能指标,若塔板压降增大,导致釜压升高,则失去真空操作的特点。在精馏过程中,若使干板压降增大,一般可使塔板效率提高;若使板上液层适当增厚,则气液传质时间延长,塔板效率也会提高。因此,进行塔板设计时,应全面考虑各种影响塔板效率的因素,在保证较高塔板效率的前提下,尽量减小塔板压降,以降低能耗,改善塔的操作性能。

(三)塔板上的异常现象

1.漏液。对于错流型的塔板,正常操作时液体应沿塔板流动,在塔板上与垂直向上流动的气体进行错流接触后由降液管流下。当上升气体流速减小,气体通过升气孔道的动压不足以阻止塔板上液体经孔道流下时,便会出现漏液现象。漏液时,液体经升气孔道流下,必然影响气液两相在塔板上的充分接触,使塔板效率降低,严重的漏液甚至会使塔板不能积液而无法操作。为保证塔的正常操作,单位时间漏液量不应大于液体流量的10%。

2.液沫夹带。上升气流穿过塔板上液层时,将板上液体带到上层塔板的现象称为液沫夹带。液沫的生成虽然可增大气液两相的传质面积,但过量的液沫夹带可造成液相在塔板间的返混,严重时会造成夹带液泛,从而导致塔板效率严重降低。所谓返混,是指液沫夹带的液滴与液体主流反向流动的现象。为保证板式塔维持正常的操作效果,规定1 kg上升气体夹带到上层塔板的液体量不得超过0.1 kg。影响液沫夹带量的因素有很多,其中最主要的是空塔气速和塔板间距:空塔气速增大,液沫夹带量增大;塔板间距增大,液沫夹带量减小。

3.液泛。塔板正常操作时,板上应维持一定厚度的液层,以进行接触传质。如果出于某种原因,塔板间充满液体,使塔的正常操作受到破坏,这种现象称为液泛。液泛的产生有以下两种情况:①当塔板上液体量很大,上升气体的速度很快时,液体被气体夹带到上一层塔板的量剧增,使塔板间充满气液混合物,最终使整个塔内都充满液体。这种由液沫夹带量过大引起的液泛称为夹带液泛。②若降液管内液体不能顺利往下流,管内液体必然积累,当管内液位增高至越过溢流堰顶部时,两板间液体相连,塔板产生积液,最终导致塔内充满液体。这种由降液管内充满液体引起的液泛称为降液管液泛。液泛的形成与气液两相的流量相关。对于一定的液体流量,气速过大会形成液泛;对一定的气体流量,液量过大也可能发生液泛。液泛时的气速称为泛点气速,为塔板操作的极限气速。从传质角度考虑,气速增大,气液间形成湍动的泡沫层可使传质效率提高,但气速应控制在泛点气速以下。

本实验采用冷模实验研究上述内容,即采用两种实际上并不发生传质过程的流体(空气和水)在塔板上进行实验。冷模实验具有设备简化、操作容易、测量方便等优点。

三、实验装置

实验装置如图 10-2 所示。空气由风机提供,由转子流量计测量流量,从塔底部送入。水由水泵供给,由转子流量计测量流量。实验塔由有机玻璃塔节组成,可透过塔壁观察内部情况。塔外壁装有标尺,可测量澄清液层高度和泡沫层高度。塔顶装有除沫器,可收集液沫,测量液沫夹带量;塔底装有漏液收集器,可测漏液量。单板压降可由压差计 10 测量。

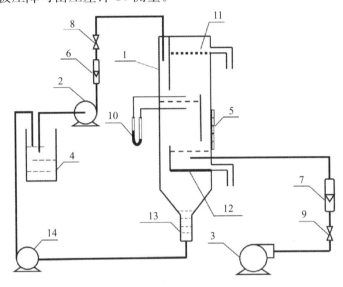

1—塔体;2—水泵;3—风机;4—水箱;5—标尺;6—水流量计;7—空气流量计;
8、9—阀门;10—压差计;11—除沫器;12—漏液收集器;13—液封管;14—回流泵。

图 10-2　板式塔冷模实验装置示意图

四、实验步骤

1.启动水泵,向塔内充水,使液封管充满水。

2.固定水的流量,启动风机,通过增大风机出口压力(每次增大 0.2 kPa,最终增大至 2 kPa)逐渐增大气速,观察液体下降情况、泡沫层建立情况、板上气液接触情况及漏液、液沫夹带现象,确定从形成泡沫层到严重液沫夹带的气速范围。

3.每改变一个气速,利用压差计测单板压降,利用标尺测泡沫层高度和清液层高度。在低气速条件下,通过量取单位时间内漏液收集器收集的水的体积确定漏液量;在高气速条件下,通过量取单位时间内除沫器收集的液沫的体积确定液沫夹带量。

4.测定漏液时气体流量和液体流量的关系。

5.测定降液管液泛时气体流量和液体流量的关系。

6.实验结束后,先关闭水阀,再关闭空气阀。

五、数据记录与处理

1. 将实验数据填入表 10-1～表 10-4。

表 10-1　塔板气液接触状态记录表

大气压＝＿＿＿ kPa　　室内温度＝＿＿＿ ℃　　塔板开孔率＝＿＿＿ ％

塔板孔径＝＿＿＿ mm　　塔内径＝＿＿＿ m　　塔板间距＝＿＿＿ m

序号	1	2	3	序号	1	2	3
塔板状态				单板压降/kPa			
气体流量/(m³/h)				泡沫层高度/mm			
空塔气速/(m/s)				清液层高度/mm			
液体流量/(m³/h)				—	—	—	—

表 10-2　低气速漏液量记录表

序号	1	2	3	序号	1	2	3
气体流量/(m³/h)				时间/s			
气速/(m/s)				漏液量/m³			
液体流量/(m³/h)				—	—	—	—

表 10-3　高气速泡沫夹带量记录表

序号	1	2	3	序号	1	2	3
气体流量/(m³/h)				时间/s			
气速/(m/s)				泡沫夹带量/m³			
液体流量/(m³/h)				—	—	—	—

表 10-4　液泛状态记录表

序号	1	2	3
气体流量/(m³/h)			
液体流量/(m³/h)			
液泛状态			

2. 根据实验测得的数据,绘制漏液线、液沫夹带线和液泛线等曲线。

六、思考题

1. 利用冷模实验测定塔板的流体力学性能有何意义?

2. 造成液泛的原因有哪些?

3. 液沫夹带对分离效果有什么影响?

4. 随着气速增大,塔板上的泡沫层高度和清液层高度会发生什么变化?

实验 11　填料吸收塔流体力学性能的测定

一、实验目的

1. 了解填料吸收塔的结构,熟悉填料吸收塔的操作方法。
2. 掌握填料吸收塔气体通过干、湿填料的压降的测定方法。
3. 理解单位填料层高度的压降 $\Delta p/Z$ 与空塔气速 u 的关系,掌握填料吸收塔流体力学性能的分析方法。

二、实验原理

填料层压降是填料塔设计中的重要参数,决定了填料塔的动力消耗。在逆流操作的填料塔内,气体自下而上通过填料层时,因局部阻力和摩擦阻力而产生压降。当塔内无液体喷淋时,气体的压降只与气体的流速有关,其性质与管路中流体阻力相似。当塔内有液体喷淋时,液体依靠重力作用沿填料表面呈膜状流下,因液膜与填料表面的摩擦以及液膜与上升气体的摩擦而产生流动阻力,形成填料层的压降。显然,填料层压降与液体喷淋量及气速有关:气速一定时,液体喷淋量越大,压降越大;液体喷淋量一定时,气速越大,压降越大。

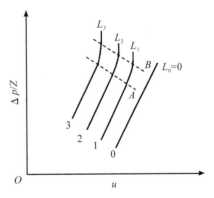

在双对数坐标系中绘制不同液体喷淋量条件下单位填料层高度的压降 $\Delta p/Z$ 与空塔气速 u 的关系曲线,可得到如图 11-1 所示的曲线簇。图中,直线 0 表示无液体喷淋时干填料的 $\Delta p/Z$ 与 u 的关系,称为干填料压降曲线;曲线 1～3 表示不同喷淋量(L_1,L_2,L_3)条件下填料层的 $\Delta p/Z$ 与 u 的关系,称为填料操作压降线。

图 11-1　$\Delta p/Z$ 与 u 的关系曲线

从图 11-1 可以看出,喷淋量一定时,压降随空塔气速的变化曲线大致可分为三段。当气速低于 A 点时,上升气流对液膜的曳力很小,液体流动不受气流的影响。此时,填料表面覆盖的液膜厚度基本不变,因而填料层的持液量不变,该区域称为恒持液量区。当气速超过 A 点时,上升气流对液膜曳力较大,对液膜流动产生阻滞作用,致使液膜增厚,填料层的持液量随气速的增大而增大,此现象称为拦液。开始出现拦液现象时的空塔气速称为载点气速,曲线上的 A 点称为载点。若气速继续增大,至图中 B 点,由于液体不能顺利向下流动,填料层的持液量不断增大,填料层内几乎充满液体,即使气速增幅很小,也会引起压降的剧增,此现象称为液泛。开始发生液泛时的气速称为泛点气速,曲线上的 B 点称为泛点。从载点到泛点的区域称为载液区,泛点以上的区域称为液泛区。

本实验以空气-水体系为对象,研究单位填料层高度的压降 $\Delta p/Z$ 与空塔气速 u 的关系,填料层的压降 Δp 可以根据填料塔塔底和塔顶压力表读数计算得到,空塔气速可由式(11-1)计算。

$$u = \frac{4V_s}{\pi D^2} \tag{11-1}$$

式中:u——空塔气速,m/s;

V_s——气体(空气)流量,m³/s;

D——吸收塔的直径,m。

空气流量可以由转子流量计读数根据式(11-2)校正获得。

$$V_s = V_{读}\sqrt{\frac{\rho_0}{\rho}} \tag{11-2}$$

式中:$V_{读}$——空气流量计读数,m³/s;

ρ_0——20 ℃空气的密度,$\rho_0 = 1.205$ kg/m³;

ρ——实验条件下空气的密度,kg/m³。

三、实验装置

实验装置如图 11-2 所示,实验中吸收剂为水。本实验测定吸收塔的流体力学性能,塔内只通入载气(空气),不通入被吸收组分。

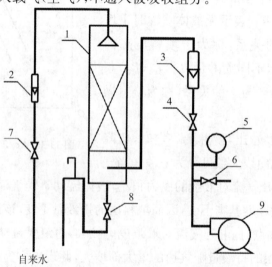

1—吸收塔;2—水流量计;3—空气流量计;4、6、7、8—阀门;5—压力表;9—风机。

图 11-2　填料吸收塔流体力学性能测定实验装置示意图

四、实验步骤

(一)测定填料吸收塔气体通过干填料的压降

启动风机,通过阀门 4 调节空气流量。待空气流量稳定,记录塔顶压力和塔底压力。改变空气流量,重复以上操作,记录 12 组以上数据。

(二)测定填料吸收塔气体通过湿填料的压降

1.接通自来水,阀门 8 全开。通过阀门 7 调节水的流量,使填料充分润湿,然后调节流量至实验设定值。

2.通过阀门 4 调节空气流量。待空气流量稳定,记录塔顶压力和塔底压力。改变空气流量,重复以上操作,记录 12 组以上数据。

3.改变水流量,重复以上操作,记录 3~4 组不同水流量下的数据。

4.实验结束后,停风机,关闭自来水。

五、注意事项

实验前须检查阀门:阀门 6、7 全开。阀门 4 约半开,不可全开,更不能全关。全开易使气压过低,气量受塔内水量影响较大,不容易保证气量的稳定;全关极易造成流量计前憋压而使连接软管脱落。

六、数据记录与处理

1.将实验数据填入表 11-1。

2.在双对数坐标系中作出填料层的 $\Delta p/Z$ 与 u 的关系曲线。

表 11-1 填料吸收塔流体力学性能测定实验数据记录表

填料塔塔径 $D=$____ m   填料层高度 $Z=$____ m   入口空气温度＝____℃

序号	1	2	3	···	序号	1	2	3	···
水流量/(L/h)					塔顶压力/kPa				
空气流量/(m³/h)					塔底压力/kPa				
空气压力/kPa					填料层压降/kPa				
空塔气速/(m/s)					塔内现象				

七、思考题

1.填料层压降和气体流速有什么关系?

2.填料层压降和液体流量有什么关系?

3.什么是拦液现象?什么是液泛现象?这两种现象对吸收操作有什么影响?

实验 12　填料精馏塔等板高度的测定

一、实验目的

1.了解填料精馏塔的结构和精馏工艺流程。

2.掌握填料精馏塔的操作方法。

3.掌握全回流条件下等板高度的计算方法。

二、实验原理

填料塔是实现精馏操作的主要设备之一。填料塔内的气液两相在填料的表面密切接触而实现传质。与板式塔不同,填料塔是连续接触式气液传质设备,气液两相沿塔高连续变化。板式塔常用塔板效率来评价精馏设备的分离能力,填料塔则用等板高度来评价精馏设备的分离能力。所谓等板高度,是指分离效果与一个理论级(或一层理论板)相当的填料层高度,也称为当量高度,其计算式如下:

$$\mathrm{HETP} = \frac{Z}{N_{\mathrm{T}}} \tag{12-1}$$

式中:HETP——等板高度,m;

　　　Z——填料层高度,m;

　　　N_{T}——理论级数或理论板数。

等板高度与分离物系的性质、操作条件及填料层的结构参数有关,一般由实验测定或根据经验式计算。本实验采用乙醇-水物系,测定全回流条件下填料精馏塔的等板高度。全回流条件下,系统稳定后达到一定分离程度所需理论级数最小,设备分离能力最大。全回流时操作线与对角线重合,在测定塔顶、塔釜产品组成的情况下,通过作图法可以得到理论级数。在已知填料层高度的情况下,根据式(12-1)可以求出等板高度。

三、实验装置与试剂

(一)实验装置

本实验所用的实验装置如图 12-1 所示。实验装置主体为玻璃填料塔,外部设置玻璃套管保温。塔釜中为乙醇水溶液,可通过调节塔釜加热器调控蒸气的生成量。塔顶产品和塔釜产品分别通过塔顶产品收集瓶和塔釜取样器采集。

(二)实验试剂

实验所用试剂为乙醇(分析纯)。

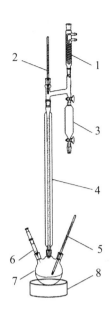

1—冷凝器；2—塔顶温度计；3—塔顶产品收集瓶；4—填料塔；

5—塔底温度计；6—塔釜取样器；7—塔釜；8—塔釜加热器。

图 12-1　填料精馏塔实验装置示意图

四、实验步骤

1. 向塔釜内加入一定量乙醇水溶液。

2. 接通塔顶冷凝器冷却水（自来水）。

3. 开启塔釜加热器，料液沸腾后先预液泛一次，使填料完全润湿。

4. 调低塔釜加热器加热电压，使填料塔在全回流条件下正常操作。

5. 填料塔稳定运行 20 min 后，分别从塔顶和塔釜同时取液体样品，用阿贝折光仪测定样品折光率。

6. 取样后，停止精馏。首先切断加热电源，塔顶冷却后关冷却水。

五、注意事项

1. 加热前应先打开塔顶冷却水，实验结束后应先切断加热电源，再关冷却水。

2. 冬季温度较低，实验结束后应及时排出实验装置中的水，防止冻坏设备。

六、数据记录与处理

1. 将填料塔塔径、填料层高度、塔顶和塔釜温度、塔顶和塔釜产品在 20 ℃ 的折光率填入表 12-1。

表 12-1　填料精馏塔等板高度测定实验数据记录表

填料塔塔径 $D=$ ___ m　　　　填料层高度 $Z=$ ___ m

塔顶产品	温度/℃	折光率	体积分数/%	摩尔分数/%
塔釜产品	温度/℃	折光率	体积分数/%	摩尔分数/%

2.根据表 12-2 中数据绘制 20 ℃乙醇水溶液的折光率和体积分数曲线,查出塔顶和塔釜产品的体积分数,根据式(7-3)计算塔顶和塔釜产品的摩尔分数,一并填入表 12-1。

表 12-2　20 ℃乙醇水溶液的折光率和体积分数

序号	体积分数/%	折光率	序号	体积分数/%	折光率
1	0	1.3330	7	60	1.3612
2	10	1.3390	8	70	1.3634
3	20	1.3446	9	80	1.3648
4	30	1.3500	10	90	1.3657
5	40	1.3545	11	100	1.3660
6	50	1.3583	—	—	—

3.根据表 7-4 中的数据绘制乙醇-水气液平衡相图(x-y 图),通过作图法得到理论级数,代入式(12-1)计算等板高度。

七、思考题

1.实验中塔身如何保温? 保温效果对实验结果有何影响? 为什么?

2.影响填料精馏塔等板高度的因素有哪些?

3.液泛现象受哪些因素影响? 为提高塔的液泛速度,可采取哪些措施?

4.本实验中全回流操作有什么意义?

5.利用本实验装置能否获得质量分数大于 99%的乙醇?

实验 13　转盘萃取塔萃取分离实验

一、实验目的

1. 了解转盘萃取塔的基本结构以及萃取操作的基本流程。

2. 掌握不同转速下传质单元数 N_{OE}、传质单元高度 H_{OE} 及总体积传质系数 $K_E a$ 的测定方法。

3. 了解提高转盘萃取塔传质效率的方法。

二、实验原理

利用原料液中各组分在两个不相混溶的液相之间的不同分配关系来分离液体混合物的操作称为液液萃取。目前,工业中使用的萃取设备种类较多,其中转盘萃取塔因结构简单、传质效率高、生产能力强,在石油化工领域得到广泛应用。

转盘萃取塔塔体内壁上按一定间距装有若干个环形挡板,称为固定环,固定环将塔内分割成若干小空间。每两个固定环之间均装一转盘,转盘固定在中心转轴上,转轴由塔顶电机驱动。萃取过程中,转盘随中心转轴高速旋转,其在液体中产生的剪应力使分散相破裂成许多细小的液滴,使液体产生强烈的旋涡运动,从而增大相际接触面积和传质系数。同时,固定环可在一定程度上抑制轴向的返混。

本实验以水为萃取剂(萃取相,用字母 E 表示,也称为连续相或重相),采用转盘萃取塔从煤油(萃余相,用字母 R 表示,也称为分散相或轻相)中萃取苯甲酸,测定不同转速条件下的传质单元数 N_{OE}、传质单元高度 H_{OE} 及总体积传质系数 $K_E a$。

传质单元数的计算式为

$$N_{OE} = \int_{Y_{Et}}^{Y_{Eb}} \frac{dY_E}{Y_E^* - Y_E} \tag{13-1}$$

式中: N_{OE}——传质单元数;

　　　Y_{Et}——进塔萃取相中苯甲酸浓度(质量比),本实验中 $Y_{Et}=0$;

　　　Y_{Eb}——出塔萃取相中苯甲酸浓度(质量比);

　　　Y_E——塔内某一高度处萃取相中苯甲酸浓度(质量比);

　　　Y_E^*——塔内某一高度处与萃余相组成 X_R 平衡的萃取相中苯甲酸浓度(质量比)。

在本实验中,可通过绘制 $\dfrac{1}{Y_E^* - Y_E}$-Y_E 曲线,利用图解积分法求取 N_{OE}。

已知转盘萃取塔的有效高度(塔釜轻相入口管到塔顶两相界面的距离)和传

质单元数,可根据式(13-2)计算传质单元高度,然后根据式(13-3)计算总体积传质系数。

$$H_{OE} = \frac{H}{N_{OE}} \tag{13-2}$$

$$K_E a = \frac{S}{H_{OE} A} \tag{13-3}$$

式中:H_{OE}——传质单元高度,m;

　　H——塔的有效高度,m;

　　$K_E a$——总体积传质系数,kg/(m³·h);

　　S——萃取剂(水)的流量,kg/h;

　　A——塔的截面积,m²。

三、实验装置与试剂

(一)实验装置

实验装置如图 13-1 所示。实验所用转盘萃取塔为桨叶式旋转萃取塔,塔身为硬质硼硅酸盐玻璃管。塔径为 37 mm,塔身高度为1000 mm,有效高度为750 mm。塔内设有 16 个环形挡板(相邻挡板间距为 40 mm),将塔身分为 15 段。每段中部位置设有在同轴上安装的由 3 片桨叶组成的搅动装置,搅动装置的转速可通过电机调节。塔下部和上部轻重两相的入口管分别在塔内向上或向下延伸约 200 mm,形成 2 个分离段,轻重两相将在分离段内分离。

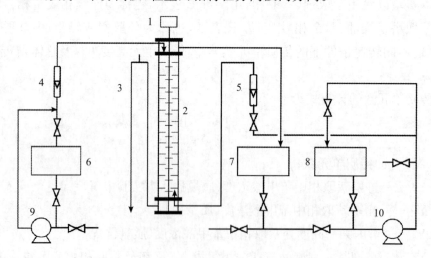

1—电动机;2—转盘萃取塔;3—π形管;4—重相流量计;5—轻相流量计;
6—重相入口液储罐;7—轻相出口液储罐;8—轻相入口液储罐;9—水泵;10—油泵。

图 13-1　转盘萃取塔萃取分离实验装置示意图

实验过程中,煤油(轻相)由塔底进入,作为分散相向上流动,经塔顶分离段分离后由塔顶流出;水(重相)由塔顶进入,作为连续相向下流动至塔底,经 π 形管流出;轻重两相在塔内呈逆向流动。在萃取过程中,苯甲酸从轻相转移至重相。由于水与煤油不互溶,且苯甲酸在两相中的浓度都很低,可认为萃取过程中两相液体的体积流量不发生变化。

(二)实验试剂

实验所用试剂为煤油、苯甲酸(分析纯)、NaOH 标准溶液、酚酞(分析纯)和去离子水等。

四、实验步骤

1. 先在重相入口液储罐和轻相入口液储罐内分别加满水和配制好的煤油,煤油中苯甲酸的适宜浓度为 0.0015～0.0020 kg(苯甲酸)/kg(煤油)。开动水泵和油泵,将两相的回流阀打开,使其循环流动。

2. 全开水转子流量计调节阀,将重相送入塔内。当塔内水面上升到接近重相入口与轻相出口之间的中点时,将水流量调节至指定值(4 L/h),并缓慢调节 π 形管高度,使塔内液位稳定在重相入口与轻相出口之间中点附近。

3. 将调速装置的旋钮调至零位,接通电源,开动电动机并调至某一固定转速。

4. 将轻相流量调节至指定值(6 L/h),注意及时调节 π 形管的高度。在实验过程中,始终保持塔顶分离段两相的相界面位于重相入口与轻相出口之间中点附近。

5. 稳定运行 30 min 后,用锥形瓶收集轻相入口、出口的样品各 40 mL,收集重相出口样品 50 mL,分别测定浓度。

样品浓度测定方法:用移液管分别取 10 mL 轻相样品、25 mL 重相样品,以酚酞作指示剂,用 0.01 mol/L 的 NaOH 标准溶液滴定样品中的苯甲酸。在滴定轻相样品时,应在样品中加数滴非离子型表面活性剂(如脂肪醇聚乙烯醚硫酸酯钠盐,也可加入其他类型的非离子型表面活性剂),充分振摇至滴定终点。

6. 取样后即可改变桨叶的转速,其他条件不变,重复步骤 5,进行第二个实验点的测试。

7. 实验结束后,关闭两相流量计,将调速器调至零位,然后切断电源。

五、注意事项

1. 调节桨叶转速时一定要小心谨慎,切忌增速过猛使电动机飞转损坏设备。另外,从流体力学性能的角度考虑,转速过高易引起液泛,使设备无法稳定运行。对于煤油-水-苯甲酸物系,转速建议控制在 500 r/min 以下。

2. 整个实验过程中,塔顶两相界面一定要控制在轻相出口和重相入口之间适中位置,避免塔顶的两相界面过高或过低。若两相界面上升至轻相出口,会导致重相混入轻相出口液储罐7。

3. 由于重相和轻相在塔顶、塔底的滞留量很大,改变操作条件后,应确保稳定时间足够长(30 min 左右),否则误差会比较大。

4. 煤油的实际体积流量并不等于流量计指示的读数,必须用流量修正式对流量计的读数进行修正。

5. 煤油流量不可过小或过大:煤油流量过小会导致轻相出口样品中的苯甲酸浓度过低,从而导致分析误差较大;煤油流量过大会导致煤油消耗量增大,造成浪费。因此,建议水流量控制在 4 L/h 左右,煤油流量控制在 6 L/h 左右。

六、数据记录与处理

1. 将实验数据填入表 13-1,根据式(13-4)～式(13-6)计算塔底轻相浓度 X_{Rb}、塔顶轻相浓度 X_{Rt} 和塔底重相浓度 Y_{Eb}。

$$X_{Rb} = \frac{V_{NaOH,Rb} \times c_{NaOH} \times 122}{10 \times 800} \tag{13-4}$$

$$X_{Rt} = \frac{V_{NaOH,Rt} \times c_{NaOH} \times 122}{10 \times 800} \tag{13-5}$$

$$Y_{Eb} = \frac{V_{NaOH,Eb} \times c_{NaOH} \times 122}{25 \times 1000} \tag{13-6}$$

式中:$V_{NaOH,Rb}$——塔底轻相消耗的 NaOH 标准溶液体积,mL;

$V_{NaOH,Rt}$——塔顶轻相消耗的 NaOH 标准溶液体积,mL;

$V_{NaOH,Eb}$——塔底重相消耗的 NaOH 标准溶液体积,mL;

c_{NaOH}——NaOH 标准溶液浓度,mol/L。

表 13-1 转盘萃取塔实验数据记录表

塔径 $D=$ ___ m   塔有效高度 $H=$ ___ m

流量计转子密度 $\rho_f=$ ___ kg/m³   轻相密度= ___ kg/m³   重相密度= ___ kg/m³

项目	实验序号	
	1	2
塔内温度/℃		
桨叶转速/(r/min)		
重相流量计读数/(L/h)		
轻相流量计读数/(L/h)		
煤油实际流量/(L/h)		

续表

项目		实验序号	
		1	2
浓度分析	NaOH 标准溶液浓度/(mol/L)		
	塔底轻相　样品体积/mL		
	塔底轻相　NaOH 用量/mL		
	塔顶轻相　样品体积/mL		
	塔顶轻相　NaOH 用量/mL		
	塔底重相　样品体积/mL		
	塔底重相　NaOH 用量/mL		
实验结果	塔底轻相浓度 X_{Rb}(质量比)		
	塔顶轻相浓度 X_{Rt}(质量比)		
	塔底重相浓度 Y_{Eb}(质量比)		
	水流量 S/(kg/h)		
	煤油流量 B/(kg/h)		
	传质单元数 N_{OE}		
	传质单元高度 H_{OE}/m		
	总体积传质系数 $K_E a$/[kg/(m³·h)]		

2.根据表 13-2 中的数据在 Y_E-X_R 图上绘制分配曲线(平衡曲线),在 Y_E-X_R 图上根据点(X_{Rb},Y_{Eb})和点(X_{Rt},Y_{Et})绘制操作线。在 Y_{Et} 和 Y_{Eb} 之间任取一系列 Y_E 值,可在操作线上找出一系列对应的 X_R 值,在平衡曲线上找出一系列对应的 Y_E^* 值,然后计算出一系列 $1/(Y_E^* - Y_E)$ 值,将以上数据填入表 13-3。在坐标纸上以 Y_E 为横坐标,以 $1/(Y_E^* - Y_E)$ 为纵坐标,绘制 $[1/(Y_E^* - Y_E)]$-Y_E 曲线,Y_{Et} 与 Y_{Eb} 之间的曲线以下的面积即传质单元数 N_{OE}。

表 13-2　煤油-水-苯甲酸系统平衡数据(25 ℃)

序号	X_R	Y_E^*	序号	X_R	Y_E^*
1	0.0001	0.000135	11	0.0011	0.000880
2	0.0002	0.000240	12	0.0012	0.000925
3	0.0003	0.000337	13	0.0013	0.000970
4	0.0004	0.000426	14	0.0014	0.001002
5	0.0005	0.000510	15	0.0015	0.001030
6	0.0006	0.000584	16	0.0016	0.001060
7	0.0007	0.000653	17	0.0017	0.001091

续表

序号	X_R	Y_E^*	序号	X_R	Y_E^*
8	0.0008	0.000721	18	0.0018	0.001109
9	0.0009	0.000781	19	0.0019	0.001120
10	0.001	0.000838	20	0.0020	0.001129

表 13-3 图解积分计算表

序号	Y_E	X_R	Y_E^*	$1/(Y_E^* - Y_E)$
1				
2				
3				

3. 根据式(13-2)和式(13-3)计算传质单元高度 H_{OE} 和总体积传质系数 $K_E a$。

七、思考题

1. 转盘萃取塔内环形挡板的作用是什么?

2. 实验中为什么选择煤油作为萃余相?

3. 实验装置中 π 形管的作用是什么?

4. 转速对传质单元数、传质单元高度及总体积传质系数有什么影响?

5. 提高转盘萃取塔传质效率的方法有哪些?

实验 14　超临界二氧化碳萃取实验

一、实验目的

1. 了解超临界流体、超临界 CO_2 的特点。
2. 掌握超临界流体萃取原理和影响因素。
3. 掌握超临界 CO_2 萃取过程的特点及应用范围。

二、实验原理

当物质处于其临界温度(T_c)和临界压力(p_c)以上时,即使继续增大压力,它也不会液化。此时,该流体的密度与液态密度接近,具有类似液体的性质,但同时又保留有气体的外观,具有良好的扩散性。这种状态的流体称为超临界流体。通常情况下,超临界流体的密度是普通气体的 100 倍,与液体密度十分接近;而其黏度则比液体小,与气体黏度相当;超临界流体的扩散系数介于气体和液体之间。超临界流体既具有液体对物质的强溶解性,又具有气体易于扩散和流动的特点,这对萃取和分离是十分有益的。更重要的是,在临界点附近,温度和压力的微小变化会引起超临界流体密度的显著变化,从而影响流体对物质的溶解能力。因此,通过对过程温度和压力的调节,可实现萃取分离的目的。

虽然超临界流体的溶剂效应普遍存在,但考虑到其溶解度、选择性、临界值以及发生的化学反应等因素,可应用于工业、具有实用价值的超临界流体并不多。最常用的流体为超临界二氧化碳(CO_2),它具有无毒、无臭、不燃且价廉易得等优点。CO_2 的临界温度为 31.04 ℃,临界压力为 7.38 MPa,临界密度为 0.468 g/L。只需改变压力,就可在接近常温的条件下实现萃取分离和溶剂 CO_2 的再生。而传统的有机溶剂萃取过程通常要用加热、蒸发等方法将溶剂和萃取物分开。这样不仅消耗能源,在许多情况下还会造成萃取物中高挥发性组分或热敏物质的损失,得到的萃取物还常常含有残留的有机溶剂,影响产品的质量。超临界 CO_2 萃取技术可避免这些问题,特别适用于热敏性物质、易氧化物质及天然植物有效成分的提取。超临界 CO_2 对脂溶性物质有较好的溶解性能,但对一些极性较强的物质,其溶解能力很弱甚至不溶。适当调节超临界 CO_2 的极性,如添加甲醇、乙醇等极性较强的溶剂,可提高超临界 CO_2 对强极性物质的溶解度。

超临界流体萃取的工艺流程主要有变压萃取分离流程、变温萃取分离流程、吸附萃取分离流程和稀释萃取分离流程。本实验采用变压萃取分离流程,即萃取和分离过程在相同的温度下进行,先在较高的压力下进行萃取,然后通过减压使超临界流体与萃取物分离。

三、实验装置与试剂

(一)实验装置

超临界流体萃取实验装置流程如图 14-1 所示。来自钢瓶的 CO_2 经净化后进入增压泵,增至实验所需压力后经加热器加热至实验所需温度,然后进入萃取釜进行萃取。萃取物被超临界 CO_2 携带进加热器加热,然后进入分离釜,减压后与 CO_2 分离,从分离釜下部阀门放出。

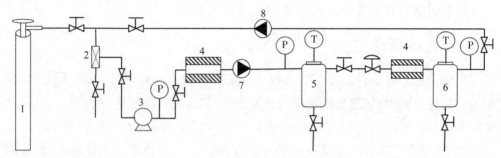

1—CO_2 钢瓶;2—气体净化器;3—增压泵;4—加热器;5—萃取釜;6—分离釜;7、8—止逆阀。

图 14-1 超临界流体萃取实验装置示意图

(二)实验材料与试剂

实验所用材料与试剂为花生、大豆、油菜等油料作物的种子以及钢瓶装 CO_2。

四、实验步骤

1.称取 200 g 固体物料,粉碎至固体粒径小于 20 目,放入抽绳束口帆布袋中。封好袋口后,将其置于 500 mL 不锈钢萃取釜中,旋紧釜上端的封头。

2.开启设备总电源,开启增压泵冷却系统。

3.设定萃取釜和分离釜的温度,待温度稳定,进行下一步操作。

4.打开 CO_2 钢瓶总阀,设定增压泵工作压力,启动增压泵。

5.调节萃取釜和分离釜的压力。运行一段时间(20~60 min)后,从分离釜下部阀门释放出产品,称量产品质量。

6.改变萃取压力(萃取釜的压力),重复步骤3~5。

五、注意事项

开启高压泵前须先打开增压泵的冷却系统和 CO_2 钢瓶总阀。

六、数据记录与处理

1.将原料质量 m_0 和不同萃取压力下得到的产品质量 m_p 填入表 14-1,根据式(14-1)计算萃取率 E。

$$E = \frac{m_p}{m_0} \times 100\% \tag{14-1}$$

2.绘制萃取率和萃取压力的关系曲线。

表 14-1　超临界流体萃取实验数据记录表

萃取温度 $T=$＿＿℃

序号	萃取压力/MPa	m_0/g	m_p/g	$E/\%$
1				
2				
3				
4				

七、思考题

1.超临界流体萃取的基本原理是什么?

2.与传统萃取相比,超临界流体萃取有哪些优点?

3.如果萃取物为极性物质,应该如何调整实验方案?

4.结合实验数据,分析萃取压力对萃取率的影响。

5.青蒿素对热不稳定,试分析超临界 CO_2 萃取技术是否适用于青蒿素的分离提纯。

实验 15　变压吸附分离空气实验

一、实验目的

1. 掌握连续变压吸附过程的基本原理和流程。
2. 了解变压吸附效果的主要影响因素。
3. 了解碳分子筛变压吸附提纯氮气的基本原理。
4. 掌握穿透曲线的测定方法。

二、实验原理

利用多孔固体物质的选择性吸附、分离、净化气体或液体混合物的过程称为吸附分离。根据吸附表面与被吸附物质之间的作用力,吸附可分为两种类型:若吸附表面与被吸附物质之间作用力为范德瓦耳斯力,则称为物理吸附;若固体表面与被吸附物质之间存在化学键,则称为化学吸附。

一个完整的吸附分离过程通常由吸附与解吸(脱附)循环操作构成,分为变压吸附和变温吸附:变压吸附是指通过调节操作压力(加压吸附,减压解吸)完成吸附与解吸的循环操作,主要用于物理吸附过程;变温吸附是指通过调节温度(降温吸附,升温解吸)完成吸附与解吸的循环操作,主要用于化学吸附过程。本实验以空气为原料,以碳分子筛为吸附剂,通过变压吸附的方法分离空气中的氮气和氧气,达到提纯氮气的目的。

物质在吸附剂(固体)表面的吸附必须经历两个过程:一是通过分子扩散到达固体表面;二是通过范德瓦耳斯力或化学键合力的作用吸附于固体表面。因此,要利用吸附实现混合物的分离,被分离组分必须在分子扩散速度、表面吸附能力上存在明显差异。

氮气和氧气都是非极性分子,分子直径十分接近(氧气为 0.28 nm,氮气为 0.3 nm)。由于二者的物性相近,与碳分子筛表面的结合力差异不大,因此,从热力学(吸收平衡)角度来看,碳分子筛对氮气和氧气的吸附并无选择性,难以使二者分离。然而,从动力学角度来看,碳分子筛是一种速度分离型吸附剂,氮气和氧气在碳分子筛微孔内的扩散速度存在明显差异。例如,35 ℃时,氧气的扩散速度比氮气快 30 倍。因此,当空气与碳分子筛接触时,氧气将优先被碳分子筛吸附而从空气中分离出来,使得空气中的氮气得以提纯。由于该吸附分离过程是一个由速度控制的过程,因此,吸附时间的控制(吸附-解吸循环速度的控制)非常重要。当吸附剂用量、吸附压力、气体流速一定时,可根据穿透曲线确定适宜的吸附时间。

　　所谓穿透曲线,是指出口流体中被吸附物质(即吸附质)的浓度随时间的变化曲线。典型的穿透曲线如图 15-1 所示,吸附质的出口浓度变化呈 S 形曲线,在曲线的下拐点(A 点)之前,吸附质的浓度基本不变(控制在要求的浓度之下)。此时,出口产品是合格的。越过下拐点之后,吸附质的浓度随时间增大,到达上拐点(B 点)后接近进口浓度。此时,床层已趋于饱和。通常将下拐点(A 点)称为穿透点,将上拐点(B 点)称为饱和点。通常将出口浓度达到进口浓度(C_0)的 95% 的点确定为饱和点,而穿透点的浓度应根据产品质量要求确定,一般略高于目标值。本实验要求出口氮气浓度≥97%,即出口氧气浓度≤3%,因此将穿透点浓度(出口氧气浓度)定为 2.5%～3%。

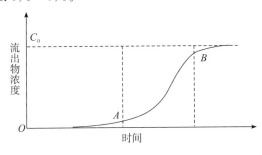

图 15-1　穿透曲线

　　为确保产品质量,在实际生产中,吸附柱有效工作区应控制在穿透点之前。穿透点(A 点)的确定是吸附过程研究的重要内容。根据穿透点对应的时间(t_0)可以确定吸附装置的最佳吸附操作时间和吸附剂的动态吸附容量。动态吸附容量是指从吸附开始到穿透点(A 点)的时段内,单位质量的吸附剂对吸附质的吸附量(吸附质的质量/吸附剂的质量),是吸附装置设计放大的重要依据。其计算式如下:

$$G = \frac{V t_0 (C_0 - C_B)}{W} \tag{15-1}$$

式中:G——动态吸附容量,g/g;

　　　V——实际气体流量,L/min;

　　　t_0——穿透时间,min;

　　　C_0——吸附质的进口浓度,g/L;

　　　C_B——穿透点处吸附质的出口浓度,g/L;

　　　W——吸附剂的质量,g。

本实验中动态吸附容量可用式(15-2)计算:

$$G = \frac{V_N t_0 (y_0 - y_B)}{W} \times \frac{29}{22.4} \tag{15-2}$$

$$V_N = \frac{T_0 p}{T p_0} V \tag{15-3}$$

式中：V_N——标准状态下的气体流量，L/min；

　　　y_0——空气中氧气的浓度（质量分数），%；

　　　y_B——穿透点处氧气的出口浓度（质量分数），%；

　　　T_0——标准状态下的温度，K；

　　　p——实际操作压力，MPa；

　　　T——实际操作温度，K；

　　　p_0——标准状态下的压力，MPa。

三、实验装置

实验装置如图 15-2 所示。来自空气压缩机的空气经减压阀调节压力、脱油、脱水后进入吸附柱。因为氮气和氧气在分子筛微孔内扩散速度不同，气体经过吸附床层时二者可实现分离。实验装置中有两个吸附柱，吸附柱 A 完成吸附后，由真空油泵对其抽真空解吸，气体切换至吸附柱 B 进行吸附，如此吸附、解吸循环往复操作。调节空气压缩机出口减压阀可以改变吸附压力，调节流量调节阀可以改变吸附流量，出口气体浓度由氧气传感器测定。本实验装置可由计算机控制，实验数据由计算机输出。

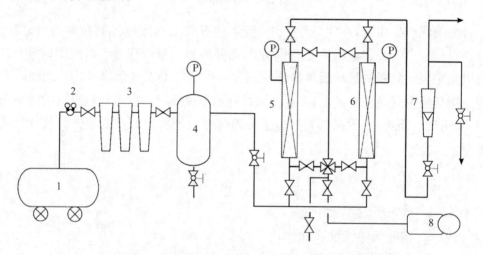

1—空气压缩机；2—减压阀；3—空气过滤及脱水脱油装置；4—缓冲罐；

5—吸附柱 A；6—吸附柱 B；7—转子流量计；8—真空油泵。

图 15-2　变压吸附实验装置示意图

四、实验步骤

1.开启总电源，启动空气压缩机，调节减压阀，使输出压力稳定在0.4 MPa。

2. 在计算机界面上设置好吸附时间,点击开始按钮。

3. 观察出口气体的浓度变化以及两个吸附柱的交替工作状态,系统稳定后测定穿透曲线。可在计算机实验曲线页面观察曲线变化情况,根据时间和浓度的曲线确定穿透时间。

4. 改变压力和操作温度,重复以上步骤。

5. 实验结束后,关闭空气压缩机,关闭设备总电源。

五、注意事项

1. 检查空气压缩机、真空油泵的油量是否充足,如不足应适量添加。

2. 实验开始前应该检查各气路连接口,确保连接稳固。

六、数据记录与处理

1. 根据计算机输出的数据确定不同时间的出口氧气含量,填入表 15-1。根据实验数据在同一张图上标绘不同气体流量下的穿透曲线。

2. 根据穿透曲线确定不同操作条件下穿透点出现的时间 t_0,计算不同条件下的动态吸附容量,填入表 15-2,分析动态吸附量随实验条件的变化规律。

表 15-1 出口氧气含量记录表

吸附温度 $T=$____℃ 压力 $p=$____MPa 气体流量 $V=$____L/h

吸附时间/s	出口氧气含量/%	吸附时间/s	出口氧气含量/%
1		6	
2		7	
3		8	
4		9	
5		10	

表 15-2 不同条件下的穿透时间和动态吸附容量

序号	吸附压力/MPa	吸附温度/℃	实际气体流量/(L/h)	穿透时间/min	动态吸附容量/(g/g)
1					
2					
3					

七、思考题

1. 碳分子筛变压吸附提纯氮气的原理是什么？

2. 本实验为什么采用变压吸附而非变温吸附？

3. 本实验为什么不考虑吸附过程的热效应？哪些吸附过程必须考虑热效应？

4. 气体的流量对吸附剂的穿透时间和动态吸附容量有什么影响？为什么？

5. 吸附压力对吸附剂的穿透时间和动态吸附容量有什么影响？为什么？

6. 在本实验过程中，一个完整的吸附循环包括哪些操作步骤？

7. 本实验装置在提纯氮气的同时还有富集氧气的作用。为实现富集氧气的目的，本实验装置和操作流程应该做哪些调整？

实验 16　离子交换法制备纯水实验

一、实验目的

1. 了解利用离子交换树脂制备纯水的基本原理和操作方法。
2. 掌握水质检验的原理和方法。
3. 掌握电导率仪的使用方法。

二、实验原理

离子交换法是目前广泛采用的制备纯水的方法之一。水的净化过程是在离子交换树脂上进行的。离子交换树脂是有机高分子聚合物,由交换剂本体和交换基团两部分组成。例如,聚苯乙烯磺酸型强酸性阳离子交换树脂就是苯乙烯和一定量的二乙烯苯的共聚物经浓硫酸处理,在共聚物(R)的苯环上引入磺酸基($-SO_3H$)得到的。其中的 H^+ 可以在溶液中游离,也可以与阳离子(M^+)进行交换:

$$R-SO_3H + M^+ \Longrightarrow R-SO_3M + H^+ \tag{16-1}$$

如果在共聚物的本体上引入各种胺基,就得到阴离子交换树脂。例如,季胺型强碱性阴离子交换树脂 $R-N^+(CH_3)_3OH^-$,其中的 OH^- 可以在溶液中游离,也可以与阴离子交换。

离子交换树脂制备纯水利用的是树脂和天然水中各种离子间的可交换性。例如,$R-SO_3H$ 型阳离子交换树脂,交换基团中的 H^+ 可以与天然水中的各种阳离子进行交换,使天然水中的 Ca^{2+}、Mg^{2+}、Na^+、K^+ 等离子结合到树脂上,从而除去水中的金属阳离子杂质。水通过阴离子交换树脂时,交换基团中的 OH^- 可与 HCO_3^-、Cl^-、SO_4^{2-} 等离子交换,而交换出来的 OH^- 与 H^- 发生中和反应制得高纯水。

三、实验装置与试剂

(一)实验装置

实验装置如图 16-1 所示,所用仪器有电导率仪、离子交换柱(长为 30 cm,直径为 1 cm)和烧杯等。

(二)实验材料与试剂

实验所用材料与试剂为脱脂棉、pH 试纸、717 强碱性阴离子交换树脂、732 强酸性阳离子交换树脂、氢氧化钠溶液(2 mol/L)、盐酸(2 mol/L)、蒸馏水等。

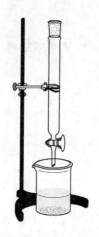

图 16-1 离子交换树脂制备纯水实验装置示意图

四、实验步骤

（一）树脂的预处理

1. 取适量 717 强碱性阴离子交换树脂，用氢氧化钠溶液（2 mol/L）浸泡 24 h（由教师处理），使其充分转为 OH⁻型。取 10 mL OH⁻型阴离子交换树脂，置于烧杯中。待树脂沉降，倾去上层碱液。用蒸馏水（每次大约 20 mL）洗涤树脂，至上层溶液接近中性（用 pH 试纸检验，pH 为 7～8）。

2. 取适量 732 强酸性阳离子交换树脂，用盐酸（2 mol/L）浸泡 24 h（由教师处理），使其充分转为 H⁺型。取 5 mL H⁺型阳离子交换树脂，置于烧杯中。待树脂沉降，倾去上层酸液。用蒸馏水（每次大约 20 mL）洗涤树脂，至上层溶液接近中性（用 pH 试纸检验，pH 为 5～6）。

3. 将处理好的阳离子交换树脂和阴离子交换树脂混合均匀。

（二）装柱

将离子交换柱固定在铁架台上（图 16-1），向柱中注入少量蒸馏水，排出管内的空气，然后将混合均匀的树脂与蒸馏水一起，从上端缓慢倒入柱中，避免带入气泡。若水过多，可打开离子交换柱活塞放水。当上部残留的水仅 1 cm 高时，在顶部放一小团玻璃纤维或脱脂棉，防止注入溶液时将树脂冲起。

（三）纯水的制备及检验

将自来水缓慢注入离子交换柱，同时打开活塞，使水成滴流出（每秒 1～2 滴）。流出液达 10 mL 后，取流出液进行水质检验，直至获得检验合格的流出液。

五、注意事项

1. 装柱及操作过程中要避免树脂层出现气泡。在整个操作过程中，树脂要一直保持被水覆盖,防止树脂层中进入空气产生偏流,而使交换效率降低。若出现这种情况,可用玻璃棒搅动树脂层赶走气泡。

2. 水中杂质离子越少,水的电导率就越小。电导率仪测定的电导率可间接反映水的纯度。习惯上用电阻率(即电导率的倒数)表示水的纯度。25 ℃时,理想纯水的电阻率为 1.8×10^7 Ω·cm(电导率为 0.056 μS/cm)。普通化学实验用水的电阻率为 1.0×10^5 Ω·cm (电导率为 10 μS/cm)。若实验制得纯水的电导率达到 10 μS/cm,则认为水质合格。

六、数据记录与处理

用电导率仪分别测定自来水和实验制得纯水的电导率,然后填入表 16-1。

表 16-1　自来水和纯水的电导率

样品	自来水	实验制得纯水
电导率/(μS/cm)		

七、思考题

1. 离子交换法制备纯水的基本原理是什么?

2. 装柱时为何要赶气泡?

3. 钠型阳离子交换树脂和氯型阴离子交换树脂为什么要在使用前分别用 2 mol/L 盐酸和 2 mol/L 氢氧化钠溶液浸泡?

实验 17 煤焦油萃取分离实验

一、实验目的

1. 了解煤焦油的组成及其多样性。
2. 了解煤焦油萃取分离的目的及意义。
3. 掌握煤焦油萃取分离的方法及原理。

二、实验原理

煤焦油是煤在干馏过程中获得的液体产品,具有刺激性臭味,呈黑色或黑褐色黏稠状。根据干馏温度和方法,煤焦油分为高温煤焦油、中温煤焦油和低温煤焦油。煤焦油的化学组成复杂,其中有些成分具有极高的经济价值,有些成分如多环芳烃和沥青甚至不可能从石油化工原料中取得或制取成本较高。

按照传统加工工艺,煤焦油先经蒸馏分为轻油馏分、酚油馏分、萘油馏分、洗油馏分、蒽油馏分和沥青等,然后再经过复杂的分离提纯过程从每个馏分中分离出多种化工产品。本实验采用萃取和层析结合的方法,从煤焦油中分离出芳烃。与传统蒸馏工艺相比,煤焦油萃取、层析分离工艺具有操作条件温和、操作简单、能耗低、环境污染小等优点。

三、实验装置与试剂

(一)实验装置

煤焦油萃取分离实验装置由焦油溶剂萃取单元、溶剂回收单元、尾气处理单元等单元组成(图 17-1),可实现焦油中 1~4 环芳香化合物的萃取分离,得到软化点较低的沥青。萃取剂和煤焦油分别从萃取剂储罐和煤焦油储罐进入萃取釜,在常压下搅拌一定时间,静置分层。萃取相由泵送入层析塔,层析分离后进入中间罐,然后由泵送入蒸发釜。蒸出的萃取剂经冷凝器冷凝后进入萃取剂回收罐,蒸出萃取剂后获得的混合芳烃被送入产品储罐。萃余相为沥青,由萃取釜底部阀门放出。各储罐放空气汇集进入水洗塔,经水洗后放空。

(二)实验材料与试剂

实验所用材料与试剂为高温煤焦油和乙醇(用作萃取剂,可采用工业级,也可以采用其他合适的溶剂作为萃取剂)。

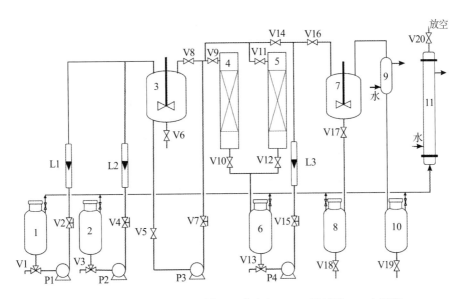

1—煤焦油储罐；2—萃取剂储罐；3—萃取釜；4、5—层析塔；6—中间罐；

7—蒸发釜；8—产品储罐；9—冷凝器；10—萃取剂回收罐；11—水洗塔；

P1～P4—泵；L1～L3—流量计；V1～V20—阀门。

图 17-1 煤焦油萃取分离装置示意图

四、实验步骤

1. 向冷凝器、水洗塔通水，分别向煤焦油储罐、萃取剂储罐中加煤焦油和乙醇。

2. 启动泵 P1，向萃取釜中注入煤焦油。启动泵 P2，向萃取釜中注入乙醇。分别通过阀门 V2 和 V4 控制煤焦油和乙醇的流量。进料完毕，关闭泵 P1 和 P2。

3. 开启萃取釜搅拌器，给萃取釜加热（50～60 ℃）。待萃取完成，停止搅拌，静置 30 min。

4. 打开萃取釜底部阀门 V6，排出下层沥青。待上层清液流出，关闭阀门 V6。

5. 启动泵 P3，开启阀门 V7、V9 和 V11，向层析塔内送入萃取相液体，通过阀门 V7 调节送入层析塔的萃取相流量。

6. 打开层析塔出口阀门，使层析后的液体进入中间罐。层析结束后，启动泵 P4，将其中的液体送入蒸发釜。

7. 给蒸发釜加热，釜内乙醇挥发后经冷却进入萃取剂回收罐。待釜内温度达到 85 ℃，停止加热。打开蒸发釜出口阀门 V17，使釜内残余物（混合芳烃）进入产品储罐。

8. 打开阀门 V18 取样，利用气相色谱仪分析萃取产品的组成和各组分含量。

五、注意事项

1. 由于煤焦油黏度较大，为保证物料的流动性，萃取剂的用量不宜过少。

2.多环芳烃有毒,实验过程中应做好个人防护。

3.为防止物料沉积,堵塞管路,实验结束后应使用溶剂清洗管路系统。

4.本实验也可以采用其他适宜的溶剂从煤焦油中萃取芳烃,但要保证所用溶剂有较好的分离效果,还要保证所用溶剂不会使管路、阀门等部件中的高分子材料溶胀、溶解,不会腐蚀管路系统。

六、数据记录与处理

1.自行设计萃取温度、相比(萃取相与萃余相的质量比)、萃取釜搅拌桨转速、萃取时间等操作条件。

2.将实验操作条件和气相色谱仪分析得到的产物组成填入表 17-1。

表 17-1 煤焦油萃取分离实验数据记录表

萃取温度 $T=$＿＿℃ 萃取时间 $t=$＿＿ min

萃取釜搅拌桨转速＝＿＿ r/min 相比＝＿＿

序号	组分	保留时间/min	气相色谱峰面积	含量/％
1				
2				
3				
4				
5				
...				

七、思考题

1.煤焦油萃取分离工艺有哪些优点?

2.从煤焦油中可以获得哪些化工原料?

3.除乙醇外,还可以用哪些溶剂从煤焦油中萃取芳烃?

4.除芳烃外,乙醇从煤焦油中萃取的产品还有哪些?(根据实验数据分析)

化学反应工程实验

实验 18　多釜串联返混性能的测定

一、实验目的

1. 理解反应器内的物料返混现象。
2. 掌握停留时间分布及特征参数的测定方法。
3. 了解计算多釜串联模型参数的方法，了解表达返混程度的间接方法。
4. 通过单釜实验与三釜实验，了解限制返混的有效措施。

二、实验原理

在连续流动反应器内，不同停留时间的物料之间的混合称为返混。返混程度通常用物料在反应器内的停留时间分布来表示。然而，在测定不同状态反应器内物料的停留时间分布时，相同的停留时间分布可能对应不同的返混情况，即返混与停留时间分布并非一一对应，因此不能用停留时间分布的实验测定数据直接表示返混程度，而要借助相关数学模型来间接表达。

物料在反应器内的停留时间是随机的，须利用概率分布的方法定量描述。这里引入停留时间分布密度函数 $f(t)$ 和停留时间分布函数 $F(t)$。停留时间分布密度函数 $f(t)$ 的物理意义是，同时进入反应器的 N 个流体粒子中，停留时间介于 t 和 $t+dt$ 之间的流体粒子所占的比例 $(dN)/N$ 为 $f(t)dt$。停留时间分布函数 $F(t)$ 的物理意义是，流过系统的物料中，停留时间小于 t 的物料的比例。

本实验采用脉冲法测定停留时间分布：系统达到稳定后，在系统的入口处瞬间注入一定量示踪剂，同时开始在出口流体中检测示踪剂的浓度变化情况。

由停留时间分布密度函数的物理意义可知

$$f(t)dt = \frac{Vc_t dt}{Q} \tag{18-1}$$

$$Q = \int_0^\infty Vc_t dt \tag{18-2}$$

所以

$$f(t) = \frac{Vc_t}{\int_0^\infty Vc_t\mathrm{d}t} = \frac{c_t}{\int_0^\infty c_t\mathrm{d}t} \tag{18-3}$$

式中:Q——在系统的入口处瞬间注入的示踪剂量;

c_t——t 时刻反应器内的示踪剂浓度;

V——液体的体积流量。

由此可见,$f(t)$ 与示踪剂浓度 c_t 成正比。本实验以水作为连续流动的物料,以饱和 KCl 溶液作为示踪剂,在反应器出口处检测溶液电导值。在一定范围内,KCl 浓度与其电导值成正比,可以用电导值反映物料停留时间变化情况。

$$f(t) \propto L_t \tag{18-4}$$

$$L_t = L_t{}' - L_\infty \tag{18-5}$$

式中:$L_t{}'$——t 时刻溶液总电导值;

L_t——t 时刻溶液中 KCl 引起的电导值变化;

L_∞——无示踪剂 KCl 时的电导值。

停留时间分布密度函数 $f(t)$ 在概率论中有两个特征:数学期望(平均停留时间)$\bar{t}$ 和方差 σ_t^2。$\bar{t}$ 的表达式为

$$\bar{t} = \int_0^\infty tf(t)\mathrm{d}t = \frac{\int_0^\infty tc_t\mathrm{d}t}{\int_0^\infty c_t\mathrm{d}t} \tag{18-6}$$

上式可以采用离散形式表示,取相同的时间间隔 Δt,即

$$\bar{t} = \frac{\sum t\,c_t\Delta t}{\sum c_t\Delta t} = \frac{\sum t\,L_t}{\sum L_t} \tag{18-7}$$

σ_t^2 的表达式为

$$\sigma_t^2 = \int_0^\infty (t-\bar{t})^2 f(t)\mathrm{d}t = \int_0^\infty t^2 f(t)\mathrm{d}t - \bar{t}^2 \tag{18-8}$$

上式也可以表示为离散形式,取相同的时间间隔 Δt,即

$$\sigma_t^2 = \frac{\sum t^2 c_t}{\sum c_t} - \bar{t}^2 = \frac{\sum t^2 L_t}{\sum L_t} - \bar{t}^2 \tag{18-9}$$

若引入无量纲对比时间 $\theta(\theta = t/\bar{t})$,则无量纲方差可表示为

$$\sigma_\theta^2 = \frac{\sigma_t^2}{\bar{t}^2} \tag{18-10}$$

为评价物料的返混程度,测定物料在反应器中的停留时间分布后,需要用数学模型来关联和描述。本实验采用多釜串联模型,其建模思想是用串联全混釜的个数 n 表征反应器中的返混程度。模型中全混釜的个数 n 是模型参数,并不等于实际反应器的个数,因此不限于整数。由反应工程的原理可知,参数 n 越大,返混

程度越小。多釜串联模型假定 n 个串联的反应釜均为全混釜,反应釜之间无返混,每个釜的体积相等。据此,可推导得到多釜串联反应器的停留时间分布函数,以及无量纲方差 σ_θ^2 与模型参数 n 的关系:

$$n = \sigma_\theta^{-2} \tag{18-11}$$

只要将实测的无量纲方差 σ_θ^2 代入式(18-11),便可求得模型参数 n,并据此判断反应器内的返混程度。$n=1$,$\sigma_\theta^2=1$ 时为全混釜特征;$n\to\infty$,$\sigma_\theta^2\to0$ 时为平推流特征。

三、实验装置

实验装置如图 18-1 所示,由单釜与三釜串联两个系统组成。三釜串联反应器中每个釜的体积为 1 L,单釜反应器的体积为 3 L,釜内搅拌桨转速可调节。实验过程中,水分别从两个转子流量计流入两个系统。系统稳定后,在两个系统的入口处分别快速注入示踪剂,在每个反应釜出口处用电导率仪检测示踪剂浓度变化情况。

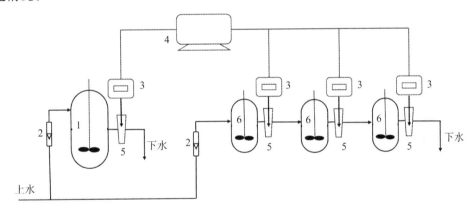

1—3 L 全混釜;2—转子流量计;3—电导率仪;4—计算机;5—电导电极;6—1 L 全混釜。

图 18-1　连续流动反应器返混实验装置示意图

四、实验步骤

1. 开启水开关,让水注满反应釜,调节进水流量为 20 L/h,保持流量稳定。

2. 开启设备电源开关,启动计算机数据处理系统,打开电导率仪以备测量。

3. 开动搅拌装置,调节转速(大于 300 r/min)。

4. 待系统稳定,用注射器在两个系统的入口处迅速注入示踪剂,并按下计算机数据采集按钮。

5. 当示踪剂出口浓度在 2 min 内不变时,实验结束。

6. 关闭仪器、电源、水源,排出釜中料液。

五、注意事项

1.实验结束后要清洗反应釜,并将反应釜内的水放尽,以免长时间不使用使反应器内金属零件锈蚀,滋生藻类。

2.注入示踪剂时,动作应准确、迅速。

六、数据记录与处理

1.本实验采用计算机数据采集与处理系统,直接由电导率仪输出信号至计算机,由计算机对数据进行采集与分析,包括绘制停留时间分布动态曲线以及计算平均停留时间、方差和模型参数。

2.根据实验得到的单釜与三釜系统的停留时间分布曲线,即出口物料的电导值(反映示踪剂浓度)随时间的变化情况,采用离散化方法,在曲线上相同时间间隔取点,一般可取 20 个数据点,再由式(18-7)、式(18-9)和式(18-10)分别计算 $\bar{t}$,σ_t^2 及无量纲方差 σ_θ^2。最后,由式(18-11)求出相应的模型参数 n。

3.将计算得到的单釜与三釜系统的平均停留时间 $\bar{t}$ 与理论值进行对比,分析误差产生的原因。根据计算得到的模型参数 n,比较两种系统的返混程度。

七、思考题

1.何谓返混? 返混的原因是什么?

2.为什么返混与停留时间分布不是一一对应的? 为什么可以通过测定停留时间分布来研究返混?

3.测定停留时间分布的方法有哪些? 本实验采用哪种方法?

4.何谓示踪剂? 示踪剂的选择有何要求?

5.模型参数与实验中反应釜的个数是否相等? 为什么?

6.如何限制或加剧返混?

实验 19　鼓泡反应器中气含率 及气泡比表面积的测定

一、实验目的

1. 了解安静鼓泡、湍流鼓泡状态下气含率和气泡比表面积的变化规律,了解鼓泡反应器中强化传质的工程手段。

2. 掌握静压法测定气含率的原理与方法。

3. 掌握鼓泡反应器的操作方法。

4. 掌握气泡比表面积的估算方法。

二、实验原理

鼓泡反应器属于气液反应器,可使气相高度分散在液相之中,增大液体持有量和相际接触面积,传质和传热效率较高,适用于缓慢化学反应和强放热的情况。鼓泡反应器具有结构简单、操作稳定、投资和维修费用低等优点。

(一)气含率

气含率是指反应器内气液混合物中气体的体积分数,是表征鼓泡反应器流体力学特性的基本参数之一,直接影响反应器内气液接触面积,从而影响传质速率与宏观反应速率,是鼓泡反应器的重要设计参数。测定气含率的方法有很多,其中静压法是较精确的一种,可测定反应器内平均气含率,也可测定反应器内某一水平位置的局部气含率。静压法的测定原理可用伯努利方程来解释:

$$\varepsilon_G = 1 + \frac{g_c}{\rho_L g} \frac{\mathrm{d}p}{\mathrm{d}H} \tag{19-1}$$

式中:ε_G——气含率,无量纲;

$\quad g_c$——转换因子,无量纲;

$\quad \rho_L$——液体密度,kg/m^3;

$\quad g$——重力加速度,$g = 9.81\ m/s^2$;

$\quad p$——压强,Pa;

$\quad H$——两测压点之间的垂直距离,m。

采用 U 型压差计测量时,两个测压点之间的平均气含率为

$$\varepsilon_G = \frac{\Delta h}{H} \tag{19-2}$$

式中:Δh——U 型压差计液位差,mmH_2O。

气含率会随鼓泡反应器空塔气速 u_G 而改变,二者的关系一般可以表示为

$$\varepsilon_G = k u_G{}^n \tag{19-3}$$

式中 k 和 n 为关联式常数,n 的取值取决于流动状况。当空塔气速低于 $0.05\ \text{m/s}$ 时,气泡呈分散状态,气泡大小均匀,有序鼓泡,此状态称为安静鼓泡状态,此时 n 为 $0.7\sim1.2$。在较高的空塔气速下,部分气泡凝聚成大气泡,塔内气液剧烈无定向搅动,气体以大气泡和小气泡两种形态与液体接触,大气泡上升速度较快,停留时间较短,小气泡上升速度较慢,停留时间较长,形成不均匀接触,此状态称为湍流鼓泡状态,此时 n 为 $0.4\sim0.7$。

对式(19-3)两侧取对数,得

$$\lg \varepsilon_G = \lg k + n \lg u_G \tag{19-4}$$

根据不同气速下的气含率数据,在双对数坐标系中绘制 ε_G-u_G 曲线,或者通过最小二乘法进行数据拟合,即可获得关系式中的参数 k 和 n。

（二）气泡比表面积

气泡比表面积是单位液相体积的相际接触面积,也称气液接触面积或比相界面积,是鼓泡反应器设计的重要参数。气泡比表面积 a 可由平均气泡直径 d_B 与相应的气含率 ε_G 计算:

$$a = \frac{6\varepsilon_G}{d_B} \tag{19-5}$$

Gestrich 对许多学者提出的气泡比表面积计算式进行整理和比较,得到

$$a = 2600\left(\frac{H_0}{D}\right)^{0.3} K^{0.003} \varepsilon_G \tag{19-6}$$

式中:H_0——静液层高度,m;

　　　D——反应器直径,m;

　　　K——液体模数。

式(19-6)的适用范围为 $u_G \leqslant 0.6\ \text{m/s}$,$2.2 \leqslant H_0/D \leqslant 24$,$5.7 \times 10^5 \leqslant K \leqslant 10^{11}$。因此,在一定气速($u_G$)条件下,测定反应器的气含率 ε_G,就可以间接得到气泡比表面积 a,其偏差在 $\pm15\%$ 之内。

三、实验装置

实验装置如图 19-1 所示,从空气压缩机出来的空气经转子流量计进入鼓泡反应器。鼓泡反应器由有机玻璃加工而成,便于观测内部情况。反应器预先装水至一定高度,气体经气体分布器进入床层,使床层膨胀。气体分布器为"十"字形,有若干小孔,可使气体达到一定的小孔气速。床层沿轴向的各点压力差数据可由压差计测得。

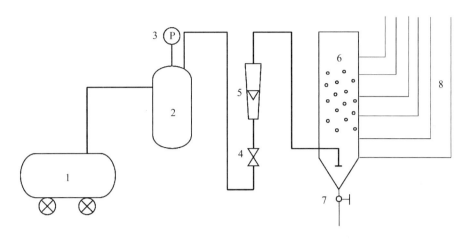

1—空气压缩机；2—缓冲罐；3—压力表；4—调节阀；5—流量计；
6—鼓泡反应器；7—放料口；8—压差计。

图 19-1 鼓泡反应器中气含率及气泡比表面积测定实验装置示意图

四、实验步骤

1. 将清水加入反应床层，使液面上升至一定高度。

2. 检查 U 型压差计，确保液位在一个水平面上，防止有气泡存在。

3. 通空气，开始鼓泡，逐渐调节流量值。

4. 观察床层气液两相流动状态，稳定后记录各点 U 型压差计读数。

5. 改变气体流量，重复上述操作，在空塔气速为 $0.05\sim0.5$ m/s 的范围内取 $8\sim10$ 个实验点。

6. 关闭气源，将反应器内清水放尽。

五、注意事项

1. 实验前检查空气压缩机和实验设备中的气体管路接头，防止实验过程中脱落，造成危险。

2. 实验结束后将反应器内清水放尽，以免长时间不用使反应器内滋生藻类。

六、数据记录与处理

1. 将气速、各测压点读数填入表 19-1，计算两点间的气含率，进而求出全塔平均气含率。

2. 根据不同空塔气速下的实验结果，在双对数坐标系中绘制 $\varepsilon_G\text{-}u_G$ 曲线，或者通过最小二乘法进行数据拟合，求取关系式(19-3)中的参数 k 和 n。

3. 计算不同空塔气速下的气泡比表面积，并在双对数坐标系中绘制气速和气泡比表面积的关系曲线。

表 19-1　鼓泡反应器中气含率及气泡比表面积测定实验数据记录表

反应器直径 $D=$____ m　　反应器高度＝____ m

序号	1	2	3	序号	1	2	3
气体流量/(L/min)				空塔气速/(m/s)			
H/cm				气含率/%			
Δh/mmH$_2$O				气泡比表面积/(m^2/m^3)			

七、思考题

1. 鼓泡反应器的气含率和哪些因素有关?

2. 鼓泡反应器内流动区域是如何划分的?

3. 根据实验结果分析空塔气速与气含率、气泡比表面积的关系。

实验 20　加压微型气固相催化反应

一、实验目的

1.理解多相系统中化学反应的特点。

2.了解管式固定床反应器的结构特点,熟悉加压微型气固相催化反应的工艺特点。

3.掌握苯催化氢化反应催化剂的活性评价及活化再生等方法。

二、实验原理

环己烷为无色透明液体,不溶于水,有刺激性气味,易挥发,易燃,相对密度为 $0.7785 \ g/m^3$,沸点为 $80.73 \ ℃$。环己烷在工业上主要用作己二酸和己内酰胺的合成原料。环己烷的生产方法以苯加氢为主,其次是石油烃分离法。苯加氢制环己烷,采用气固相催化反应和液相催化反应都可得到较高收率,工业上这两种方法都有万吨级生产规模。本实验采用气固相催化氢化法,以 $Ni/\gamma\text{-}Al_2O_3$ 为催化剂,在固定床反应器中合成环己烷。

(一)苯催化氢化反应

工业上常采用 $Ni/\gamma\text{-}Al_2O_3$ 作为苯加氢制环己烷的催化剂:

$$\bigcirc + 3H_2 \underset{130 \sim 180 \ ℃,0.1 \sim 1 \ MPa}{\overset{Ni/\gamma\text{-}Al_2O_3}{\rightleftharpoons}} \bigcirc \tag{20-1}$$

$Ni/\gamma\text{-}Al_2O_3$ 有较好的活性和优良的选择性,在 $130\sim180 \ ℃$,$0.1\sim1 \ MPa$ 条件下,可使苯深度加氢生成环己烷。

(二)转化率的计算

设苯的流量为 F_B,苯的转化率为 x_B,出口气体中苯的质量分数为 w_B,环己烷的质量分数为 w_C(不考虑其中氢气的质量分数,即 $w_B+w_C=100\%$)。

$$C_6H_6 \quad + \quad 3H_2 \quad \rightarrow \quad C_6H_{12}$$

反应前(mol/h):　F_B　　　　　　　　　0

反应后(mol/h):　$F_B(1-x_B)$　　　　　　F_Bx_B

反应后(g/h):　　$78F_B(1-x_B)$　　　　　$84F_Bx_B$

$$w_B = \frac{78F_B(1-x_B)}{78F_B(1-x_B)+84F_Bx_B} = \frac{13(1-x_B)}{13(1-x_B)+14x_B} \tag{20-2}$$

$$w_C = \frac{84F_Bx_B}{78F_B(1-x_B)+84F_Bx_B} = \frac{14x_B}{13(1-x_B)+14x_B} \tag{20-3}$$

化简得

$$x_B = \frac{13(1-w_B)}{13+w_B} \text{ 或 } x_B = \frac{13w_C}{14-w_C} \tag{20-4}$$

可利用气相色谱仪分析反应器出口气体组成,获得 w_B 和 w_C,代入式(20-4)进一步计算苯的转化率。

三、实验装置与试剂

(一)实验装置

实验所用加压微型气固相催化反应实验装置如图 20-1 所示。氢气经减压、稳压计量后与经计量泵计量的苯混合,先进入预热器(苯汽化并与氢气充分混合),随后进入固定床反应器,自上而下经过床层。反应产物从固定床反应器下端出来,经冷凝器冷凝,进入气液分离器。实验装置中的反应管为不锈钢材质,外径为 20 mm,长度为 370 mm。管内有直径为 3 mm 的盲头不锈钢管,埋于催化剂内,管内部插有直径为 1 mm 的铠装式热电偶,用于测定床层内反应温度。反应器中部装有 1 g 催化剂。实验装置配有尾气收集囊,可根据需要收集尾气进行检测。

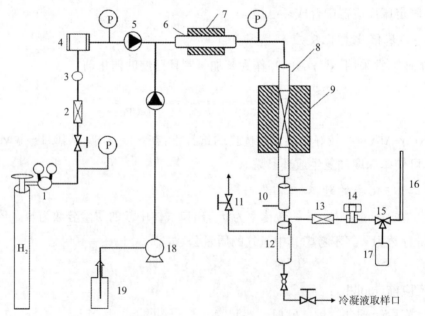

1—减压阀;2—气体干燥器;3—管路过滤器;4—气体流量计;5—止逆阀;
6—预热器;7—预热炉;8—微型固定床反应器;9—加热炉;10—冷凝器;
11—安全阀;12—气液分离器;13—管路过滤器;14—背压调节阀;15—三通阀;
16—皂膜流量计;17—尾气收集囊;18—液体计量泵;19—原料液瓶。

图 20-1 加压微型气固相催化反应实验装置示意图

（二）实验试剂

实验所用试剂为苯[①]（分析纯）、氮气和氢气（均为钢瓶装）。氢气用作反应气体和气相色谱仪火焰离子化检测器（flame ionization detector，FID）的燃料气。氮气用作气相色谱仪的载气。实验所用催化剂为 $Ni/\gamma\text{-}Al_2O_3$。

四、实验步骤

1. 打开氮气钢瓶减压阀，开启气相色谱仪，设定气相色谱条件，做好分析样品的准备。

2. 开启仪表电源，打开氢气钢瓶总阀，调节减压、稳压阀，使氢气出口处压力稳定在 1.0 MPa 左右，氢气流量控制在 100 mL/min 左右。氢气平稳流动可以使升温过程中床层温度均匀。

3. 开启预热器、加热炉电源开关，设置好预热器和加热炉的温度，通过程序升温使预热器和加热炉的温度在 30 min 内分别升至 150 ℃ 和 140 ℃（可依据具体情况更改设定值）并维持温度稳定。

4. 待预热器和反应器的显示温度分别稳定在 150 ℃ 和 140 ℃时，给冷凝器通冷却水。

5. 开启计量泵，泵入苯，苯的流量控制在 0.1 mL/min，苯和氢气的进料摩尔比维持在 1∶6，根据此摩尔比调节氢气的流量为 150 mL/min。苯在预热器内汽化，与氢气混合后进入催化剂床层发生反应。由于该反应放热，固定床反应器的温度可能升高（140～180 ℃），一段时间后温度稳定。

6. 当反应器床层温度达到 140 ℃，且加热炉的温度稳定不变时，开始取样。取样时，将气液分离器出口处上方阀门打开，3 min 后关闭；将下方阀门打开，用取样试管接取冷凝液。然后通过气相色谱仪检测反应器出口气体冷凝液的组成。

7. 根据表 20-1 设定的时间点，重复步骤 6 采集样品，并用气相色谱仪分析其组成。若得到的产品组成稳定，即认为反应体系达到稳定状态。

8. 实验结束后，关闭液体计量泵和加热电源。继续通入氢气，待床层温度降至 100 ℃ 以下，关闭氢气钢瓶。

五、注意事项

1. 实验前应该检查系统的气密性，防止氢气泄露，尾气管应保持通畅，防止氢气在室内积聚，发生危险。

---

① 苯：苯在常温下为无色透明液体，具有强烈的芳香气味。需要注意的是，苯的挥发性强，暴露于空气中很容易扩散。人和其他动物吸入、皮肤接触或经口摄入苯会引起苯中毒。

2.实验过程中禁止触碰高温部件,防止烫伤。

3.实验尾气含有少量苯,需要通过硅胶软管将尾气通入实验室废气处理装置,或者将尾气排入工业乙醇进行吸收后排至室外,吸收废液定期集中处理。

4.实验结束后,先降温后停氢气,防止催化剂失活。

六、数据记录与处理

将实验数据填入表 20-1,根据气相色谱仪分析检测的结果计算苯的转化率。

表 20-1　加压微型气固相催化反应实验数据

时间/min	20	50	80	110	140
预热器温度/℃					
加热炉设定温度/℃					
加热炉实测温度/℃					
反应器温度/℃					
流量计进口压力/MPa					
流量计出口压力/MPa					
反应器进口压力/MPa					
气体流量计设定值/(mL/min)					
尾气流量/(mL/min)					
苯流量/(mL/min)					
反应体系中环己烷质量分数/%					
反应体系中苯质量分数/%					
苯的转化率/%					

七、思考题

1.评价催化剂活性的指标有哪些?

2.为确定此反应的最佳反应温度,应该考虑哪些因素?

3.试分析氢气压力对苯的转化率有何影响。

4.本实验中导致催化剂失活的原因可能有哪些?

实验 21　煤直接液化反应集总动力学常数的测定

一、实验目的

1. 了解煤直接液化的基本原理和工艺过程。

2. 掌握建立集总动力学模型的方法，以及测定集总动力学反应速率常数、指前因子和活化能的方法。

3. 了解以集总动力学参数为依据优化煤直接液化工艺的方法。

二、实验原理

对于某些复杂的反应过程，由于反应物和产物为复杂的混合物，无法给出明确的分子式，因此也就无法给出确定的反应式。对于这类反应，可以把很难弄清的化合物体系划分为若干种虚拟组分，通过实验求得这些虚拟组分间的化学转化关系。用这种方法研究复杂化学反应的反应动力学称为集总动力学，这些虚拟组分称为集总组分。石油、煤炭和油页岩等原料的热加工过程就可以采用集总动力学进行研究。

本实验以煤直接液化过程为研究对象，确定此过程的集总动力学模型和参数。煤直接液化又称为煤炭加氢液化，是在高温（400～470 ℃）高压条件下对煤加氢使其转化为液体的工艺过程。煤直接液化技术属于煤的洁净转化方式。在煤直接液化过程中，煤中的硫、氮等元素被脱除，得到的产品是相对富氢的洁净的液体燃料。

目前普遍认为，煤直接液化反应是一个自由基反应过程（图 21-1）：在煤液化过程中，煤分子结构中的共价键在高温作用下（通常高于 400 ℃）发生裂解，生成自由基碎片，自由基碎片与氢原子结合生成一系列稳定的产物（气体、油和沥青等），其中部分产物还可能再次裂解、加氢。煤直接液化的反应过程和产物组成极其复杂，因此，对其反应动力学的研究一般采用集总动力学的方法。

图 21-1　煤直接液化的反应机理

除气体产物外，煤直接液化的固液产物可依据溶解性划分为油、沥青烯和前沥青烯 3 个集总组分：正己烷可溶的物质为油，甲苯（或苯）可溶但正己烷不溶的物质为沥青烯（asphaltene, AS），四氢呋喃（或吡啶）可溶但甲苯不溶的物质为前沥青烯（preasphaltene, PA）。各集总组分的产率为所得各产物质量占原始煤的干燥无灰基（dry ash-free basis, daf）质量的比例，可用式（21-1）～式（21-4）计算。

$$Y_{gas} = \frac{m_{gas}}{m_{coal, daf}} \times 100\% \qquad (21\text{-}1)$$

$$Y_{AS} = \frac{m_{AS}}{m_{coal, daf}} \times 100\% \qquad (21\text{-}2)$$

$$Y_{PA} = \frac{m_{PA}}{m_{coal, daf}} \times 100\% \qquad (21\text{-}3)$$

$$Y_{oil} = \frac{m_{coal, daf} - m_{gas} - m_{AS} - m_{PA} - m_{r, daf}}{m_{coal, daf}} \times 100\% \qquad (21\text{-}4)$$

式中：Y_{gas}——气体的产率，%；

$\quad Y_{AS}$——沥青烯的产率，%；

$\quad Y_{PA}$——前沥青烯的产率，%；

$\quad Y_{oil}$——油的产率，%；

$\quad m_{coal, daf}$——原始煤的干燥无灰基质量，g；

$\quad m_{gas}$——气体的质量，g；

$\quad m_{AS}$——沥青烯的质量，g；

$\quad m_{PA}$——前沥青烯的质量，g；

$\quad m_{r, daf}$——未反应煤的干燥无灰基质量，g。

以上各固体产物的质量可以直接由天平称量获得。气体产物质量的测定过程如下：待反应后反应器的温度降至室温并充分稳定，通过压力传感器或精密压力表读取反应器内的压力。然后，将气体收集于集气袋中，并用气相色谱仪测定气体的组成。根据反应器内的压力和气体的体积分数计算得到每种气体组分的分压。在已知气体组分的分压和温度后，可以通过 NIST[①] 标准数据库查出每种气体组分的密度，代入式（21-5）计算得到气体产物的质量。

$$m_{gas} = \sum \rho_i V \qquad (21\text{-}5)$$

式中：ρ_i——各气体组分的密度，g/cm³；

$\quad V$——反应器体积，cm³。

受原料和反应条件影响，煤直接液化过程存在不同反应路径，如图 21-2 所示。

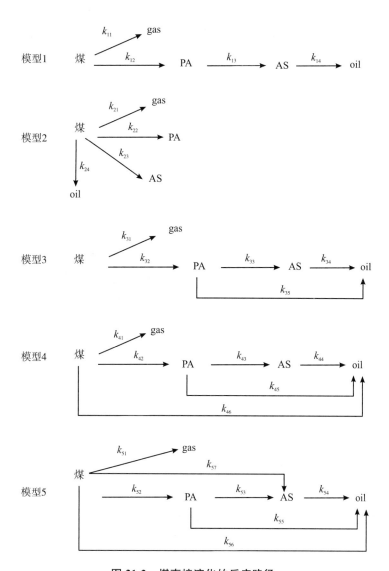

图 21-2　煤直接液化的反应路径

以模型 1 为例，反应动力学方程可以写作

$$\frac{\mathrm{d}c_{\text{coal}}}{\mathrm{d}t} = -k_{11}c_{\text{coal}} - k_{12}c_{\text{coal}} \qquad \frac{\mathrm{d}c_{\text{gas}}}{\mathrm{d}t} = k_{11}c_{\text{coal}}$$

$$\frac{\mathrm{d}c_{\text{PA}}}{\mathrm{d}t} = k_{12}c_{\text{coal}} - k_{13}c_{\text{PA}} \qquad \frac{\mathrm{d}c_{\text{AS}}}{\mathrm{d}t} = k_{13}c_{\text{PA}} - k_{14}c_{\text{AS}} \qquad (21\text{-}6)$$

$$\frac{\mathrm{d}c_{\text{oil}}}{\mathrm{d}t} = k_{14}c_{\text{AS}}$$

式中：k_{11}，k_{12}，k_{13} 和 k_{14}——各分步反应的反应速率常数；

c_{coal}，c_{gas}，c_{PA}，c_{AS} 和 c_{oil}——煤、气体、前沥青烯、沥青烯和油在 t 时刻的浓度。

由于煤直接液化反应为气、液、固三相反应,为了方便计算,可以将这些集总组分的浓度表示为各集总组分的质量与原始煤的干燥无灰基质量之比:

$$c_{gas} = \frac{m_{gas}}{m_{coal,daf}} \tag{21-7}$$

$$c_{PA} = \frac{m_{PA}}{m_{coal,daf}} \tag{21-8}$$

$$c_{AS} = \frac{m_{AS}}{m_{coal,daf}} \tag{21-9}$$

$$c_{oil} = \frac{m_{oil}}{m_{coal,daf}} \tag{21-10}$$

$$c_{coal} = 1 - c_{gas} - c_{oil} - c_{PA} - c_{AS} \tag{21-11}$$

通过实验确定若干时刻的各集总组分的浓度后,根据最小二乘法就可以求出各个反应速率常数。确定若干个不同温度下的反应速率常数 k 后,根据式(21-12),采用最小二乘法就可以确定各反应步骤的活化能 E_a 和指前因子 A。

$$\ln k = -\frac{E_a}{RT} + \ln A \tag{21-12}$$

式中:R——气体常数;

T——反应的热力学温度。

三、实验装置与试剂

(一)实验装置

实验装置如图 21-3 所示。高压反应釜釜体为不锈钢材质,釜体置于加热炉内。反应釜内置机械搅拌桨,通过热电偶感应反应釜内物料的温度,由温度和转速控制仪控制反应釜的温度和搅拌桨的转速。反应釜内的压力可由压力表监测。反应釜配有防爆片或泄压阀以保证安全。进气管路和排气管路用于反应釜的充气和排气。

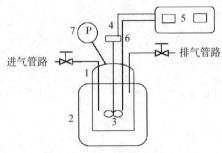

1—高压反应釜;2—加热炉;3—搅拌桨;4—搅拌电机;

5—温度和转速控制仪;6—热电偶;7—压力表。

图 21-3　高压加氢反应实验装置示意图

（二）实验材料与试剂

实验所用煤样为褐煤或长焰煤，使用前应充分破碎，过 100 目筛，110 ℃真空干燥 12 h 以上，然后置于干燥器内备用。实验所用试剂为正己烷、甲苯、四氢呋喃和四氢萘（均为分析纯），以及氢气和氮气（均为钢瓶装）。

四、实验步骤

1. 称取一定量煤样置于高压反应釜内，加入四氢萘作为反应溶剂。煤样的质量根据反应釜的容积确定，溶剂的质量为煤样质量的 1.5～2 倍。

2. 拧紧反应釜使其密封，通入氮气清洗反应釜 3 次以驱除釜内的空气，然后改用氢气清洗反应釜 3 次以驱除反应釜内的氮气，最后充入氢气，使釜内压力达到 5 MPa。

3. 开始搅拌、加热，釜内温度升至预定温度（400～460 ℃）时开始计时。

4. 达到实验设计的反应时间后，停止加热。釜内温度降至室温后，用集气袋收集气体，然后用气相色谱仪检测，确定气体组成和收率。

5. 待反应釜泄压完毕，打开反应釜。对釜内固液产物，可按照图 21-4 的流程，采用索氏提取器进行分离，得到各集总组分，110 ℃真空干燥 12 h 后称重，计算各集总组分的产率。

6. 改变反应温度或时间，重复步骤 1～5。

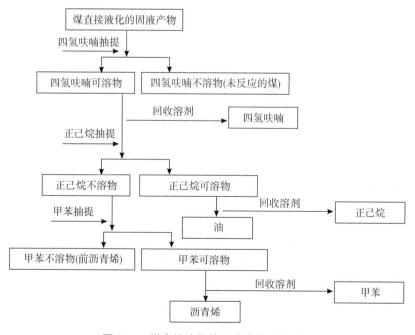

图 21-4　煤直接液化的固液产物分离流程

五、注意事项

1.实验前应该检查系统的气密性,防止氢气泄露,尾气管应保持通畅,防止氢气在室内积聚,发生危险。

2.实验过程中禁止触碰高温部件,防止烫伤。

3.为减少后续产物分离的工作量,建议使用容积小于 100 mL 的反应釜。

4.为保证安全,反应釜的最大工作压力应不超过 20 MPa,反应釜应装有泄压或防爆装置。

六、数据记录与处理

1.将不同反应时间条件下各集总产物的质量填入表 21-1,然后计算各集总产物的产率。

2.选择图 21-2 中的煤直接液化反应模型,或者自行设计煤直接液化反应模型,写出相应的动力学方程组,用最小二乘法求解各反应步骤的反应速率常数。

3.根据不同反应温度下的反应速率常数,计算各反应步骤的活化能和指前因子,找出煤直接液化反应的控制步骤。

表 21-1　煤直接液化反应各产物的产率

反应温度=＿＿℃　　　　煤样质量=＿＿g

序号	时间/min	气体产物		沥青烯		前沥青烯		油
		质量/g	产率/%	质量/g	产率/%	质量/g	产率/%	产率/%
1								
2								
3								
4								

七、思考题

1.如何检查高压反应釜的气密性?

2.若反应温度升高,反应速率常数如何变化?

3.如何根据式(21-4)确定煤直接液化油的质量?

4.如何根据活化能确定合理的煤直接液化反应路径?

5.根据实验数据,分析如何调节反应条件以提高煤直接液化油的收率。

实验 22　催化剂内扩散有效因子的测定

一、实验目的

1. 认识多相系统中的化学反应与传递现象,了解内、外扩散过程及其对反应的影响。

2. 了解催化剂内扩散有效因子的概念,掌握其测定方法。

3. 了解本征反应动力学数据的测定方法。

4. 了解固定床反应器中床层的温度分布情况。

二、实验原理

本实验通过研究苯在固定床反应器中加氢合成环己烷的过程,研究多相系统中的化学反应与传递现象。在催化剂作用下,苯加氢反应式如下:

$$C_6H_6(g) + 3H_2(g) \longrightarrow C_6H_{12}(g) \tag{22-1}$$

苯加氢的本征反应动力学方程可表示为

$$-r_{\text{本}} = k_p c_a \tag{22-2}$$

式中:$r_{\text{本}}$——苯加氢的本征反应速率,$\text{mol}/(\text{cm}^3 \cdot \text{s})$;

k_p——本征反应速率常数,s^{-1};

c_a——苯的物质的量浓度,mol/cm^3。

苯加氢为气固催化反应。固体催化剂外表面为一气体边界层所包围,颗粒内部则为纵横交错的孔道,如图 22-1 所示。气固催化反应过程包括:①反应物由气相主体扩散到颗粒外表面(外扩散);②反应物由外表面向孔内扩散,到达内表面(内扩散);③反应物被内表面吸附;④反应物在内表面上反应生成产物;⑤产物自内表面解吸;⑥产物由内表面扩散到外表面(内扩散);⑦产物由颗粒外表面扩散到气相主体(外扩散)。

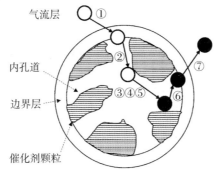

图 22-1　气固催化反应过程

气固催化反应的速率不但与化学反应有关,还与流体流动、传热、传质有关。这种物理过程影响下的化学反应速率叫作宏观反应速率。通常用有效因子来表示扩散对反应的影响:

$$- r_宏 = - \eta_0 r_本 \tag{22-3}$$

式中:η_0——总有效因子;

$r_宏$——苯加氢的宏观反应速率,mol/(cm^3 · s)。

总有效因子 η_0 反映内、外扩散阻力对化学反应的影响程度。通过床层的流体的质量流速对外扩散有显著影响,对内扩散并无影响。流体质量流速增大时,外扩散速率变快。当流体的质量流速增大到某一值时,可认为外扩散的阻力为零,只存在内扩散阻力。此时,总有效因子 η_0 近似等于内扩散有效因子 η,所以

$$- r_宏 = - \eta r_本 \tag{22-4}$$

因此,在外扩散影响已经消除的基础上,可以测定内扩散有效因子。

本实验在装填有一定质量、一定粒径球形催化剂的固定床反应器中进行。如图 22-2 所示,取催化剂微元 dW,对反应物苯作物料衡算,可得

$$F_0 \mathrm{d}x = - r_宏 \frac{\mathrm{d}W}{\rho_b} \tag{22-5}$$

$$- r_宏 = \frac{\mathrm{d}x}{\mathrm{d}\left(\dfrac{W}{\rho_b F_0}\right)} \tag{22-6}$$

式中:F_0——反应物苯的进料摩尔流率,mol/s;

x——苯的转化率,%;

ρ_b——催化剂的床层堆密度,g/cm^3;

W——催化剂的床层质量,g。

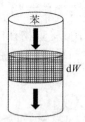

图 22-2 固定床反应器内物料衡算示意图

在某一反应温度条件下,通过改变苯和氢气的进料流量,测定相应的出口组成,可求得苯的转化率 x,绘制($W/\rho_b F_0$)-x 曲线。曲线上任意一点的斜率对应该转化率下的宏观反应速率,并且

$$- r_宏 = - \eta r_本 = \eta k_p c_a \tag{22-7}$$

如果根据进料情况求出苯的初始浓度 c_{a0},则

$$c_a = c_{a0}(1-x) \tag{22-8}$$

所以根据式(22-7)和式(22-8)可以得到

$$\eta = \frac{-r_{宏}}{k_p c_{a0}(1-x)} \tag{22-9}$$

由于本征反应速率常数 k_p 未知,所以不能直接由式(22-9)求出内扩散有效因子。在球形颗粒催化剂上进行一级不可逆反应时,

$$\eta = \frac{3}{\varphi}\left(\frac{1}{\tan\varphi} - \frac{1}{\varphi}\right) \tag{22-10}$$

式中 φ 为球形颗粒催化剂上进行一级反应时的蒂勒模数(Thiele modulus),可以表示为

$$\varphi = R\sqrt{\frac{k_p}{D_{eff}}} \tag{22-11}$$

式中:R——催化剂颗粒半径,cm;

　　　D_{eff}——气态苯在催化剂颗粒内部的有效扩散系数,cm^2/s。

联立式(22-9)和式(22-11)可以得出

$$\varphi^2\eta = \frac{-r_{宏}R^2}{D_{eff}c_{a0}(1-x)} \tag{22-12}$$

式中等号右边各项均可由实验测得,故由此式可直接求出 $\varphi^2\eta$。联立式(22-10)和式(22-12)可以求得内扩散有效因子 η,求解过程可以采用试差法。首先假设 φ 为某一数值,由式(22-10)求出 η,再求出 $\varphi^2\eta$,并与式(22-12)计算得到的 $\varphi^2\eta$ 进行对比。若二者不相等,则需要重新假设 φ 的数值,直至二者相等,此时的 η 值即所求值。

三、实验装置与试剂

(一)实验装置

催化剂内扩散有效因子测定实验装置如图 22-3 所示。氢气经减压、计量后与经计量泵计量的苯混合,先进入预热器(苯汽化并与氢气充分混合),随后进入反应器,自上而下经过床层。反应产物从反应器下端出来,经气体冷凝器冷凝,进入气液分离器,尾气排空,可通过下端阀门取液相产物。反应气相产物也可以不经冷凝直接进入气相色谱仪。

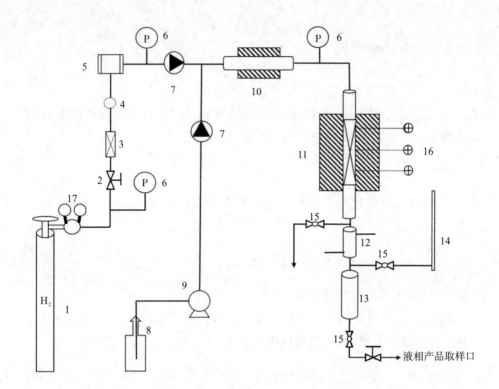

1—氢气钢瓶；2—截止阀；3—气体干燥器；4—气体过滤器；5—气体流量计；

6—压力表；7—止逆阀；8—苯储液瓶；9—计量泵；10—预热器；11—固定床反应器；

12—冷凝器；13—气液分离器；14—皂膜流量计；15—球阀；

16—温度传感器（热电偶）；17—减压阀。

图 22-3　催化剂内扩散有效因子测定实验装置示意图

（二）实验试剂

实验所用试剂为苯（分析纯）以及氢气和氮气（均为钢瓶装，纯度均大于99.9％）。氢气用作反应气体和气相色谱仪 FID 的燃料气。氮气用作气相色谱仪的载气。实验所用催化剂为 Ni/γ-Al$_2$O$_3$。

四、实验步骤

1. 通气体，检漏。

2. 提前开启气相色谱仪，设定好实验条件并使之稳定。

3. 打开氢气钢瓶总阀，调节减压阀，将氢气通入反应器，使氢气出口处压力稳定在 0.1 MPa 左右，氢气流量控制在 100 mL/min 左右。在床层温度升高过程中保持床层温度均匀。

4. 开启电源开关，设置好预热器（150 ℃）和反应器加热炉上、中、下三段的温度（分别为 110～120 ℃、130～140 ℃和 110～120 ℃）。

5. 待预热器和反应器加热炉的温度均达到设定值,给冷凝器通冷却水。

6. 开启计量泵,泵入苯。根据停留时间的要求,苯的流量应控制在适当范围内(0.1～0.6 mL/min),且苯和氢气的进料摩尔比应维持在 1∶6,可据此摩尔比调节氢气的流量。苯在预热器内汽化,与氢气混合后进入催化剂床层发生反应。由于该反应是放热反应,反应器的温度可能升高(属于正常现象),此时要对加热炉中段设定的温度稍作调节。

7. 当反应器床层温度达到设定值,且加热炉的温度稳定不变时,开始计时。反应 30 min 后,用试管收集液相产品,用气相色谱仪检测其组成。继续反应 10 min,重复收集液相产品,检测其组成,得到 2 组平行数据。

8. 改变苯的进料流量,同时相应改变氢气的进料流量,保持苯和氢气的进料摩尔比不变(仍为 1∶6)。重复操作步骤 6 和 7,在 5～6 个不同流量条件下进行实验。

9. 实验结束后,关闭苯计量泵和加热电源。继续通入氢气,待床层温度降至 100 ℃以下,关闭氢气钢瓶。

五、注意事项

1. 实验前应该检查系统的气密性,防止氢气泄露,尾气管应保持通畅,防止氢气在室内积聚,发生危险。

2. 实验过程中禁止触碰高温部件,防止烫伤。

3. 实验尾气含有少量苯,需要通过硅胶软管将尾气通入实验室废气处理装置,或者将尾气排入工业乙醇进行吸收后排至室外,吸收废液定期集中处理。

4. 实验结束后,先降温后停氢气,防止催化剂失活。

5. 实验结束后,须检查水、电、气的阀门,确认关闭后才能离开。

六、数据记录与处理

1. 将气相色谱仪检测得到的产品组成填入表 22-1,计算苯的转化率。

2. 计算 $W/\rho_b F_0$,绘制 $(W/\rho_b F_0)\text{-}x$ 曲线,用多项式拟合出曲线的关系式,然后通过求导确定每一个 x 值对应的导数值,即该点的反应速率值 $-r_{宏}$。

3. 利用试差法计算内扩散有效因子 η。

表 22-1　催化剂内扩散有效因子测定实验数据记录表

序号	流量/(mL/min)		反应温度/℃	产品组成/%		x	$\bar{x}$	$\dfrac{W}{\rho_b F_0}$
	氢气	苯		苯	环己烷			
1-1	150	0.1						
1-2								
2-1	300	0.2						
2-2								
3-1	450	0.3						
3-2								
4-1	600	0.4						
4-2								
5-1	750	0.5						
5-2								
6-1	900	0.6						
6-2								

七、思考题

1. 外扩散阻力如何消除？

2. 本征反应动力学数据如何测定？

3. 减小内扩散阻力的方法有哪些？

4. 根据实验数据分析蒂勒模数和内扩散有效因子之间的关系。

5. 根据实验数据分析内扩散有效因子随反应物流量变化的规律。

化工传递工程实验

实验 23　三元液液平衡数据的测定

一、实验目的

1. 了解三元液液平衡的概念和原理。
2. 掌握三元液液平衡数据的测定原理和方法。
3. 掌握三元相图的读图方法和绘图方法。

二、实验原理

三元液液平衡数据的测定有两种方法。

第一种方法需要配制由溶质 A、原溶剂 B 和萃取剂 S 组成的三元混合物。如图 23-1 所示,其组成可用 M 点表示。充分混合并静置分层后,体系会分成 R 和 E 两个液相。利用化学手段对 R 和 E 两相的组成进行分析,就可以确定 R 和 E 在平衡联结线上的位置。该方法可以直接测定平衡联结线数据,但是分析检测过程常有一定难度。

第二种方法需要先用浊点法测出三元混合物的溶解度曲线(图 23-2),并确定溶解度曲线上的组成与某一物性(如折射率、密度等)的关系,然后再测定相同温度下的平衡联结线数据,此时需要根据已确定的曲线确定两共轭相的组成。

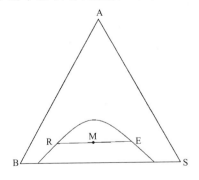

图 23-1　三元液液平衡相图

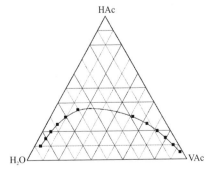

图 23-2　乙酸-水-乙酸乙烯三元相图

本实验以乙酸（HAc）-水-乙酸乙烯（VAc）三元体系为研究对象。对于该体系，由于乙酸含量便于分析，本实验采用第二种方法测定平衡联结线数据：首先，采用浊点法测定溶解度曲线，并按此三元溶解度数据，对水层以乙酸及乙酸乙烯为坐标进行标绘，绘制曲线，以备测定联结线时应用。然后，配制三元混合物，充分搅拌，静置分层，分别取出两相样品，分析其中的乙酸含量，由溶解度曲线查出另一组分的含量，并用减量法确定第三组分的含量。

三、实验装置与试剂

（一）实验装置

实验装置如图 23-3 所示。其主体为恒温箱，内置风扇、热电偶和加热温控系统等，用于维持恒温箱温度（25 ℃）。恒温箱内放置四个磁力搅拌装置，用于搅拌三角烧瓶内的乙酸、水和乙酸乙烯混合物。

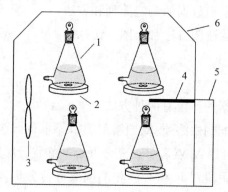

1—三角烧瓶；2—磁力搅拌装置；3—风扇；4—热电偶；5—加热温控系统；6—恒温箱。

图 23-3　三元液液平衡数据测定实验装置示意图

（二）实验试剂

实验所用试剂为乙酸、乙酸乙烯、氢氧化钠、中性红①（均为分析纯）和去离子水。其中，乙酸、乙烯乙酸和水的部分物理性质见表 23-1。

表 23-1　乙酸、乙烯乙酸和水的部分物理性质

物质	沸点/℃	密度/(g/cm^3)
乙酸	118.1	1.049
乙酸乙烯	72.5	0.931
水	100.0	0.998

---

① 中性红：一种弱碱性 pH 指示剂，变色范围为 pH 6.4~8.0（由红变黄）。

四、实验步骤

1. 取下部有支口的 100 mL 三角烧瓶,将下部支口用橡胶塞堵住。根据相图,用分析天平称取一定量乙酸、乙酸乙烯和水置于三角烧瓶中。称取的样品总质量为 30 g,并且使三元混合物处于部分互溶区(观察溶液状态,溶液分层),然后根据样品的质量计算出三元混合物中各组分的浓度。

2. 将盛有三元混合物的三角烧瓶放入 25 ℃的恒温箱中,搅拌 20 min,恒温静置 10～15 min,使其分层并达到液液平衡。

3. 用两支干净干燥的注射器分别从三角烧瓶的上口和下部支口抽取上层和下层溶液,用分析天平称量注射器两次取样前后的质量以确定所取样品的质量,然后以中性红为指示剂,以 0.1 mol/L 氢氧化钠溶液滴定样品中的乙酸。

4. 根据表 23-4 中的数据绘制乙酸-水关系图和乙酸-乙酸乙烯关系图。根据上层样品中乙酸的含量,查乙酸-水关系图确定样品中水的含量,通过差减计算得出乙酸乙烯的含量;根据下层样品中乙酸的含量,查乙酸-乙酸乙烯关系图确定样品中乙酸乙烯的含量,通过差减计算得出水的含量。

五、注意事项

1. 将针头插入三角烧瓶下部支口橡胶塞时,应慢插慢拔,防止橡胶塞松动。

2. 取完上层样品,应及时抽取下层样品,防止影响平衡组成。

3. 注射器和针头应及时清洗或更换。

六、数据记录与处理

1. 根据称量的样品质量计算三元混合物中各组分的浓度(质量分数)并填入表 23-2,将测得的三元液液平衡两相组成填入表 23-3。

表 23-2　三元混合物的组成

样品号	乙酸/%	水/%	乙酸乙烯/%
1			
2			
3			
4			

表 23-3   三元液液平衡两相组成表

样品号	上层			下层		
	乙酸/%	水/%	乙酸乙烯/%	乙酸/%	水/%	乙酸乙烯/%
1						
2						
3						
4						

2. 根据表 23-4 中乙酸-水-乙酸乙烯三元液液平衡数据,在三角形相图中绘制溶解度曲线。

表 23-4   乙酸-水-乙酸乙烯三元液液平衡数据

序号	乙酸	水	乙酸乙烯
1	0.05	0.017	0.933
2	0.10	0.034	0.866
3	0.15	0.055	0.795
4	0.20	0.081	0.719
5	0.25	0.121	0.629
6	0.30	0.185	0.515
7	0.35	0.504	0.146
8	0.30	0.605	0.095
9	0.25	0.680	0.070
10	0.20	0.747	0.053
11	0.15	0.806	0.044
12	0.10	0.863	0.037

3. 在乙酸-水-乙酸乙烯三元相图中绘制平衡联结线。

七、思考题

1. 温度和压力对液液平衡有什么影响?

2. 如何推算三元液液平衡数据?

3. 本实验的误差来源有哪些?

实验 24　固体小球传热系数的测定

一、实验目的

1. 理解热量传递的基本方式和原理。
2. 掌握不同环境与固体小球之间对流传热系数的测定原理和方法。
3. 了解非稳态导热的特点和毕奥数的物理意义。
4. 了解流化床和固定床的操作特点。

二、实验原理

热量从高温区向低温区传递的过程称为热量传递,简称传热。热量传递与化工生产的诸多过程和单元操作都密切相关,包括物料的加热和冷却、蒸发和冷凝等。根据传热的机理,热量传递可分为三种:热传导、热对流和热辐射。

不依靠物体内部各部分质点的宏观混合运动,而借助物体分子、原子、离子、自由电子等微观粒子的热运动产生的热量传递称为热传导,简称导热。热传导过程遵循傅里叶定律,其表达式为

$$q = \frac{Q}{S} = -\lambda \frac{dT}{dy} \tag{24-1}$$

式中:q——热通量,W/m^2;

Q——热传导速率,W;

S——传热面积,m^2;

λ——导热系数,W/(m·K);

dT/dy——温度梯度,K/m。

由式(24-1)可知,热传导的热通量与温度梯度成正比,但导热方向与温度梯度的方向相反。导热系数 λ 在数值上等于单位温度梯度下的热通量,可反映物质热传导能力,是物质的基本物理性质之一,其数值与物质的形态、组成、密度、温度等有关。

热对流是流体内部各质点发生相对位移而引起的热交换,简称对流。化工生产中经常研究的是流体流过固体壁面时,流体与固体壁面之间发生的热量传递过程。这种热量传递过程被称为对流传热,以区别于一般意义上的对流。事实上,对流传热伴有流体微团之间以及其与固体壁面间的热传导,因此可视为微观分子热传导和宏观微团热对流的综合过程。对流传热过程可用牛顿冷却定律描述:

$$q = \frac{Q}{S} = \alpha(T_w - T_f) \tag{24-2}$$

式中:α——对流传热系数,$W/(m^2 \cdot K)$;

$\quad$ T_w——壁温,K;

$\quad$ T_f——流体温度,K。

对流传热系数 α 并非物性常数,其取决于系统的物性因素、几何因素和流动因素,通常通过实验测定。本实验测定的是固体小球在不同环境下的对流传热系数。

任何物体只要其热力学温度不为零,就会不停地以电磁波的形式向外界辐射能量,同时不断吸收来自外界的辐射能。当物体向外界辐射的能量与其从外界吸收的辐射能不相等时,该物体与外界就产生热量的传递。这种传热方式称为热辐射。热辐射与热传导、热对流的传热机理有明显的差别:热传导和热对流的传热速率都与物体的温度差成正比,与物体本身温度的高低无关。热辐射的传热速率还与两物体绝对温度的高低有关。任何物体在绝对零度以上都能产生热辐射,但仅当物体温度较高、物体间温度差较大时,热辐射才能成为主要的传热方式。本实验应尽量避免热辐射对实验结果的影响。

物体突然加热或冷却过程属于非稳态导热过程。此时,导热体内部的温度既是空间位置的函数,也是时间的函数,可表示为 $T = f(x, y, z, t)$。物体在导热介质中加热或冷却的过程中,导热速率同时取决于物体内部导热热阻和外部对流热阻。在很多情况下,可以忽略二者之一,进行简化处理。然而,能否简化需要确定一个判据:通常为无量纲准数毕奥数(Bi),即物体内部导热热阻与物体外部对流热阻之比。

$$Bi = \frac{\text{内部导热热阻}}{\text{外部对流热阻}} = \frac{\dfrac{\delta}{\lambda}}{\dfrac{1}{\alpha}} = \frac{\alpha V}{\lambda S} \tag{24-3}$$

式中:δ——导热体的特征尺寸,$\delta = V/S$,对于半径为 R 的球体,$\delta = R/3$,m;

$\quad$ V——导热体的体积,m^3。

若 Bi 很小,即 δ/λ 远小于 $1/\alpha$,表明内部导热热阻远小于外部对流热阻。此时,可以忽略内部导热热阻,认为整个物体的温度均匀一致,则温度仅为时间的函数,即 $T = f(t)$。这种将系统视为性质均一系统的方法,称为集总参数法。实验表明,只要 $Bi < 0.1$,就可以忽略内部导热热阻(计算误差不大于 5%,通常为工程计算所允许)。

将直径为 d_s,温度为 T_0,密度为 ρ,比热容为 c_p 的小球置于温度恒为 T_f 的环境中。设小球瞬时温度为 T,若 $T_0 > T_f$,则 T 随着时间 t 的延长而降低。根据热平衡原理,球体热量随时间的变化速率应等于其通过对流传热向周围环境散热的速率。

$$-\rho c_p V \frac{\mathrm{d}T}{\mathrm{d}t} = \alpha S(T - T_f) \tag{24-4}$$

$$\frac{\mathrm{d}(T - T_f)}{T - T_f} = -\frac{\alpha S}{\rho c_p V}\mathrm{d}t \tag{24-5}$$

已知初始条件为 $t=0$, $T - T_f = T_0 - T_f$, 对上式积分, 得

$$\int_{T_0 - T_f}^{T - T_f} \frac{\mathrm{d}(T - T_f)}{T - T_f} = -\frac{\alpha S}{\rho c_p V}\int_0^t \mathrm{d}t \tag{24-6}$$

$$\frac{T - T_f}{T_0 - T_f} = \exp\left(-\frac{\alpha S}{\rho c_p V}t\right) \tag{24-7}$$

对于球体, $V/S = R/3 = d_s/6$, 代入式(24-7), 得

$$\alpha = \frac{\rho c_p d_s}{6} \cdot \frac{1}{t} \cdot \ln\frac{T_0 - T_f}{T - T_f} \tag{24-8}$$

进一步求得努塞特数为

$$Nu = \frac{\alpha d_s}{\lambda} = \frac{\rho c_p d_s^2}{6\lambda} \cdot \frac{1}{t} \cdot \ln\frac{T_0 - T_f}{T - T_f} \tag{24-9}$$

通过实验可测得小球在不同环境下的冷却曲线, 进而利用式(24-8)和式(24-9)求出相应的 α 和 Nu。

对于气体, 在 $20 < Re < 180000$ 的范围内, α 和 Nu 也可由经验式计算:

$$Nu = \frac{\alpha d_s}{\lambda} = 0.37Re^{0.6}Pr^{\frac{1}{3}} \tag{24-10}$$

若小球在静止流体中换热, 则 $Nu = 2$。

三、实验装置

实验装置如图 24-1 所示。电加热炉可以将小球(钢球)加热至实验所需的温度, 其温度由与之相连的温度记录仪测定。风机将空气送入反应器, 反应器内有砂层, 调节空气流量可以使砂层处于固定床和流化床两种不同状态。气体也可以通过阀门 11 进入反应器上部的空塔身中, 制造强制对流环境。

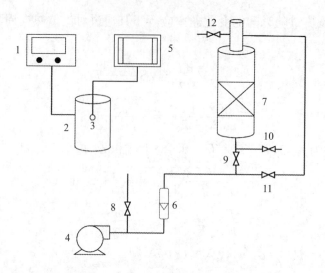

1—电加热炉温控仪；2—电加热炉；3—小球；4—风机；
5—温度记录仪；6—流量计；7—反应器；8～12—阀门。

图 24-1　固体小球传热系数测定实验装置示意图

四、实验步骤

1. 用卡尺测定小球的直径 d_s。

2. 打开电加热炉的加热电源，调节加热温度至 400～500 ℃。

3. 将嵌有热电偶的小球悬挂在电加热炉中，打开温度记录仪，观察小球温度的变化情况。当温度升至 400 ℃时，迅速取出小球，放在不同的环境条件下进行实验，用温度记录仪记录小球的温度随时间变化的情况，即冷却曲线。

4. 装置运行的环境条件有自然对流、强制对流、固定床和流化床。

（1）自然对流：迅速取出加热好的小球，并将其置于大气中，尽量减少小球附近的大气扰动，记录下冷却曲线。

（2）强制对流：打开实验装置上的阀门 10、11，关闭阀门 9、12，开启风机，打开转子流量计阀门，调节空气流量使其达到实验所需值。迅速取出加热好的小球，并将其置于反应器的上部空塔身中，记录下空气的流量和小球的冷却曲线。

（3）固定床：打开阀门 9、12，关闭阀门 10、11 和风机，迅速取出加热好的小球，并将其插入反应器的砂层底部，将小球埋于砂层中，记录下小球的冷却曲线。

（4）流化床：打开阀门 9、12，关闭阀门 10、11，开启风机，打开转子流量计阀门，调节空气流量使其达到实验所需值。迅速取出加热好的小球，并将其置于反应器的流化层中，记录下空气的流量和小球的冷却曲线。

五、注意事项

实验过程中不可随意触碰加热部件和高温部件,防止烫伤。

六、数据记录与处理

1. 根据实验数据计算不同环境下的 α 和 Nu,记录于表 24-1 中。

2. 计算实验用小球的毕奥数,判断内部导热热阻能否忽略。

3. 用经验式(24-10)计算出 α 和 Nu 并与实验结果进行对比。

表 24-1　不同环境下的 α 和 Nu

环境	自然对流	强制对流	固定床	流化床
α				
Nu				

七、思考题

1. 影响对流传热系数的因素有哪些?

2. 化工生产过程中如何强化对流传热?

3. 根据实验结果对比分析不同环境下的对流传热系数。

4. 实验结果与经验式计算值有无偏差? 若有偏差,分析产生偏差的原因。

实验 25　圆盘塔中二氧化碳吸收液膜传质系数的测定

一、实验目的

1. 了解测定圆盘塔中 CO_2 吸收液膜传质系数的原理和意义。

2. 掌握测定圆盘塔中 CO_2 吸收液膜传质系数的实验方法。

3. 掌握根据实验数据计算圆盘塔中 CO_2 吸收液膜传质系数的方法，以及求解液流速率关系式参数的方法。

二、实验原理

传质系数是气液吸收过程研究的重要内容，是吸收剂性能评价、吸收设备设计和放大的关键参数之一。

传质系数的实验测定方法一般有两类：静力法和动力法。静力法是使一定容积的气体于一定的时间间隔内，在密闭容器中与相对静止的液体表面接触，根据气体容积的变化测定其吸收速率。静力法的优点是能够了解传质过程的机理，所需设备小，操作简便，但其研究的情况如流体力学条件与工业设备中的状态不尽相同，故传质系数的数值不宜直接放大。动力法是在一定的实验条件下，使气液两相逆流接触，测定其传质系数。此法能在一定程度上模拟工业设备中的两相接触状态，但求得的传质系数只是平均值，无法探讨传质过程的机理。

本实验基于动力法的原理，在圆盘塔中进行液膜传质系数的测定，但与动力法有一定差异：本实验中的液相处于流动状态，气相处于静止状态。此方法的优点是简化实验操作和实验数据的处理，同时减少操作进程产生的误差。实验证明，此方法的实验结果符合 Stephens 和 Morris 总结的圆盘塔中 K_L 的准数关联式。但是，此方法也有不足之处，即只能在常压下进行测试。

圆盘塔是一种小型实验室吸收装置。根据不稳定传质理论，Stephens 和 Morris 认为，液体从一个圆盘流至另一个圆盘，液体在下降过程中交替进行一系列混合和不稳定传质过程。

Sherwood 和 Holloway 将有关填料塔液膜传质系数数据整理成如下形式：

$$\frac{K_L}{D}\left(\frac{\mu^2}{g\rho^2}\right)^{\frac{1}{3}} = \alpha\left(\frac{4\Gamma}{\mu}\right)^m\left(\frac{\mu}{\rho D}\right)^{0.5} \tag{25-1}$$

$$\Gamma = \frac{\rho L}{l} \tag{25-2}$$

式中：$\dfrac{K_L}{D}\left(\dfrac{\mu^2}{g\rho^2}\right)^{\frac{1}{3}}$——修正后的舍伍德数 Sh，无量纲；

$\dfrac{4\Gamma}{\mu}$——雷诺数 Re,无量纲;

$\dfrac{\mu}{\rho D}$——施密特数 Sc,无量纲;

K_L——液相总传质系数,m/h;

D——扩散系数,m^2/s;

μ——黏度,$Pa \cdot s$;

ρ——液体密度,kg/m^3;

Γ——液流速率,$kg/(m \cdot h)$;

m——系数,取值范围为 $0.78 \sim 0.54$,无量纲;

α——关联式中的常数,无量纲;

L——液体的流量,m^3/h;

l——平均液流周边,m。

Stephens 和 Morris 总结的圆盘塔中 K_L 的准数关系式为

$$\frac{K_L}{D}\left(\frac{\mu^2}{g\rho^2}\right)^{\frac{1}{3}} = 3.22 \times 10^{-3} \times \left(\frac{4\Gamma}{\mu}\right)^{0.7}\left(\frac{\mu}{\rho D}\right)^{0.5} \tag{25-3}$$

对比式(25-1)和式(25-3)可知,在实验范围内,Stephens 和 Morris 所总结的小型标准圆盘塔中 K_L 的准数关系式与 Sherwood 和 Holloway 总结的填料塔液膜传质系数与液流速率的关系式极相似。由此可见,依靠圆盘塔测定的液膜传质系数可直接用于填料塔设计。

本实验中气相是 CO_2,液相是水,测定系统的液膜传质系数,代入液膜传质系数与液流速率的关系式,即可求得系数 m。

基于双膜理论,有

$$N_A = K_L \Delta c_m = K_G \Delta p_m \tag{25-4}$$

$$\frac{1}{K_L} = \frac{H}{k_G} + \frac{1}{k_L} \tag{25-5}$$

$$k_G = \frac{D_G p}{RT Z_G p_{B,m}} \tag{25-6}$$

式中:N_A——CO_2 吸收速率,$mol/(m^2 \cdot h)$;

k_L——液膜传质系数,m/h;

Δc_m——液相浓度的平均推动力,mol/m^3;

K_G——气相总传质系数,$mol/(m^3 \cdot h)$;

Δp_m——气相分压的平均推动力,Pa;

H——CO_2 在水中的溶解度系数,$mol/(Pa \cdot m^3)$;

k_G——气膜传质系数,$mol/(m^3 \cdot h)$;

p——吸收压力，Pa；

D_G——CO_2 在水中的扩散系数，m^2/s；

$p_{B,m}$——载气组分在主体和界面上的对数平均分压，Pa；

Z_G——气膜厚度，m；

R——气体常数，$R=8.3145$ Pa·m^3/(mol·K)；

T——吸收温度，K。

由于本实验采用纯 CO_2 气体，$p_{B,m}\to 0$，所以 $k_G\to\infty$，即 $K_L=k_L$。在本实验中，N_A 和 Δc_m 可以分别由式(25-7)和式(25-8)求出，K_L 可由式(25-4)求出。绘制 $\lg K_L$-$\lg \Gamma$ 关系曲线，斜率即 m 值。

$$N_A = \frac{pV}{tRTS} \tag{25-7}$$

$$\Delta c_m = \frac{(c_i^* - c_i) - (c_o^* - c_o)}{\ln \dfrac{c_i^* - c_i}{c_o^* - c_o}} \tag{25-8}$$

式中：V——CO_2 吸收量，m^3；

t——吸收时间，h；

S——吸收表面积，m^2；

c_i^*——塔顶液相中 CO_2 的平衡浓度，mol/m^3，$c_i^*=H_i p_i$；

c_i——塔顶液相中 CO_2 的实际浓度，mol/m^3，$c_i=0$；

c_o^*——塔底液相中 CO_2 的平衡浓度，mol/m^3，$c_o^*=H_o p_o$；

c_o——塔底液相中 CO_2 的实际浓度，mol/m^3，$c_o=N_A/L$；

H_i,H_o——CO_2 在塔顶和塔底液相中的溶解度系数，可以根据附录 2 中的亨利系数计算得到，$mol/(Pa·m^3)$；

p_i,p_o——塔顶和塔底气流中 CO_2 的分压(可由塔顶和塔底气流总压减去水的分压得到)，Pa。

三、实验装置与试剂

(一)实验装置

圆盘塔测定液膜传质系数的装置如图 25-1 所示。圆盘塔中的圆盘为素瓷材质，圆盘塔内系一根不锈钢丝，串连 40 个圆盘。圆盘的直径 $d=14.3$ mm，厚度 $\delta=4.3$ mm，平均液流周边 $l=[(2\pi d^2/4)+\pi d\delta]/d$，吸收面积 $S=40[(2\pi d^2/4)+\pi d\delta]$。

液相的流向：储液槽中的吸收液被水泵抽至高位槽，多余的液体由高位槽溢流口回流到储液槽，以维持高位槽液位稳定。高位槽流出的吸收液经调节阀调节、转子流量计计量，由恒温加热系统加热至一定温度，进入圆盘塔塔顶的喷口，沿圆盘流下并在圆盘的表面进行气液传质。出圆盘塔的吸收液由琵琶形液封器溢流口排出。液相进出圆盘塔顶、塔底的温度由玻璃水银温度计测得。

气相的流向：CO_2 由高压钢瓶放出，经减压阀调节后依次进入水饱和器和加热器，通过三通阀切换进入圆盘塔底部。CO_2 在塔中与自上而下的吸收液逆流接触，然后从塔顶部出来，经 U 型压差计至皂膜流量计排空。

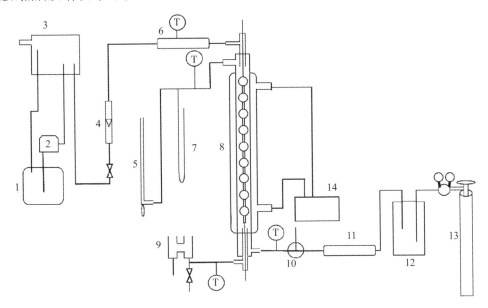

1—储液槽；2—水泵；3—高位槽；4—流量计；5—皂膜流量计；6—加热器；
7—U 型压差计；8—圆盘塔；9—琵琶形液封器；10—三通活塞；11—加热器；
12—水饱和器；13—CO_2 钢瓶；14—超级恒温水槽。

图 25-1　圆盘塔中 CO_2 吸收液膜传质系数测定实验装置示意图

（二）实验试剂

实验所用试剂为 CO_2（钢瓶装，纯度大于 99.8%）、蒸馏水或去离子水。

四、实验步骤

1. 开启钢瓶总阀，调节钢瓶减压阀，使气体流量保持稳定。切换三通阀，使气体进入塔底，自下而上由塔顶出来，经皂膜流量计后排空。一般需要置换 10 min。

2. 开启超级恒温水槽，设定实验操作温度（10～35 ℃），由水泵将恒温水注入圆盘塔的夹套层，使恒温水循环流动。

3. 开启高位槽进水泵，吸收液自高位槽溢流口溢出后，方可进行后续操作。

4. 调节转子流量计的阀门，使吸收液的流量稳定在 4～14 L/h 范围内。

5. 调节温度控制装置，使气体和液体的温度稳定在操作温度，气、液间温度差保持在 ±1 ℃ 范围内。

6. 调节琵琶形液封器,使圆盘塔中心管的液面保持在喇叭口处。

7. 液相的流量和温度、气相温度、圆盘塔夹套中的恒温水温度达到设定值并稳定 10 min 后,即可进行测定,每组数据重复测定 3 次。

8. 在常压条件下,通过测定塔内 CO_2 的体积变化确定液膜传质系数。当皂膜流量计中的皂膜至某一刻度时,切换三通阀的导向,使 CO_2 直接排空。此时,自塔体至皂膜流量计形成一个封闭系统。随着吸收液膜不断更新,塔内 CO_2 的体积也随之变小,皂膜流量计中的皂膜开始下降,记录体积变化 ΔV 所用的时间 Δt,同时记录气相温度、液相温度和夹套温度。

9. 改变液体流量,重复步骤 7、8 的操作,共测 9~10 组数据。

五、注意事项

1. 使用皂膜流量计前应先用水清洗皂膜流量计内部,然后从进气口将水和洗洁精的混合液加入橡皮球,液体的比例可根据皂膜在管中的滑动情况而适当调节。

2. 皂膜液体要适量,液面不可淹没下端玻璃进气口的交叉处。

3. 如遇皂膜破裂,可能是水量过多,可适当调节水量;也可能是玻璃管内壁太干,皂膜滑动阻力太大,此时可让皂膜在管内上下滑动多次,充分润湿管壁。

六、数据记录与处理

1. 将实验数据填入表 25-1,计算出液相总传质系数和液流速率。

2. 绘制 $\lg K_L$-$\lg \Gamma$ 关系曲线图,整理出 K_L 和 Γ 的关系式。

表 25-1　圆盘塔中 CO_2 吸收液膜传质系数测定实验数据记录表

大气压＝＿＿＿ kPa　　室内温度＝＿＿＿℃　　水饱和分压＝＿＿＿ kPa

序号		1	2	3	4	5	6	7	8	9	10
液体流量/(L/h)											
CO_2 吸收量/mL											
CO_2 吸收速率 N_A/[mol/(m² · h)]											
吸收时间/s	t_1										
	t_2										
	t_3										
	$\bar{t}$										
液相温度/℃	进										
	出										

序号		1	2	3	4	5	6	7	8	9	10
气相温度/℃	进										
	出										
夹套温度/℃	进										
	出										

七、思考题

1. 水吸收 CO_2 是气膜控制过程还是液膜控制过程？为什么？

2. 本实验中 CO_2 流量的变化对 K_L 有无影响？为什么？

3. 试分析操作温度对 K_L 有什么影响。

4. 列出液膜传质系数的计算方法。

5. 若液体流量小于设置的下限或大于设置的上限,会产生什么结果？

实验 26　双驱动搅拌吸收器测定气液传质系数

一、实验目的

1. 了解气液相吸收反应过程的原理。
2. 掌握双驱动搅拌吸收器的工作原理。
3. 掌握利用双驱动搅拌吸收器测定气液传质系数的方法。
4. 了解经验关联法在工程实验数据处理中的应用,认识应用化学吸收理论关联实验测定的传质系数与溶液转化度的关系。

二、实验原理

带有化学反应的气液相吸收过程在化学反应与分离工程中占有重要地位。在吸收过程开发和模拟放大方面,双驱动搅拌吸收器是一种常用的实验设备,可用于吸收溶剂的筛选、吸收机理的研究、吸收反应动力学参数及气液传质系数的测定。

相比于物理吸收过程,化学吸收过程更加复杂。工业上采用化学吸收工艺通常是为达到两个不同的目的:一是通过化学吸收获得化工产品;二是通过化学吸收提高气体的分离效率。前者的关注点是目标产品的收率和选择性,后者的关注点是气体的吸收速率和平衡特性。但无论出于何种目的,研究化学吸收都必须研究并掌握气液传质过程的特性,即必须弄清气体吸收过程是属于气膜控制、液膜控制还是双膜控制,弄清气液反应是属于瞬时反应、快速反应、中速反应还是慢速反应。获得以上信息后,我们才能有针对性地选择合适的气液传质设备,筛选出理想的吸收溶剂,优化吸收的操作条件。

由于化学吸收过程具有复杂性,目前实验研究仍是掌握化学吸收气液传质特性的主要方法,因此,实验装置和实验方法的科学性至关重要。本实验选用的双驱动搅拌吸收器具有以下特点:①气相与液相的搅拌速率可分开调节,因此,可以分别考察气液相搅拌速率对吸收速率的影响,并据此确定气液传质过程的控制步骤以及化学反应对吸收速率的影响程度。②具有稳定的气液相界面积,可实测单位时间、单位相面积的瞬时吸收量,并据此确定传质速率和传质系数。双驱动搅拌吸收器适用于研究吸收速率、吸收机理,以及传质系数与温度和液相组成的关系,可据此建立吸收模型。

本实验选用 K_2CO_3 溶液吸收 CO_2,属于典型的化学吸收过程,是工业中常用的脱除混合气体中 CO_2 的方法。此方法可以借助 K_2CO_3 与 CO_2 的反应来提高 CO_2 的脱除效率,常用于合成氨与合成甲醇的原料气净化、城市煤气的脱碳、烟道

气中 CO_2 的回收等工艺过程。K_2CO_3 溶液吸收 CO_2 的反应式为

$$K_2CO_3 + CO_2 + H_2O \Longrightarrow 2KHCO_3 \tag{26-1}$$

其反应机理为

$$CO_2 + OH^- \Longrightarrow HCO_3^- \tag{26-2}$$

$$CO_2 + H_2O \Longrightarrow HCO_3^- + H^+ \tag{26-3}$$

当反应溶液的 pH>10 时,即碱性强时,式(26-3)的速率远小于式(26-2),即 CO_2 与水的反应可以忽略。此时,仅考虑反应式(26-2)。

K_2CO_3 溶液中,溶液的 OH^- 浓度由下列反应平衡确定:

$$CO_3^{2-} + H_2O \Longrightarrow HCO_3^- + OH^- \tag{26-4}$$

$$c_{OH^-} = \frac{K_w c_{CO_3^{2-}}}{K_2 c_{HCO_3^-}} \tag{26-5}$$

式中:K_w——水的离子积,$K_w = c_{H^+} c_{OH^-}$;

$\quad K_2$——H_2CO_3 的二级解离常数,$K_2 = \dfrac{c_{H^+} c_{CO_3^{2-}}}{c_{HCO_3^-}}$;

$\quad c_{CO_3^{2-}}$、$c_{HCO_3^-}$、c_{H^+}、c_{OH^-}——CO_3^{2-},HCO_3^-,H^+,OH^- 的浓度,mol/L。

通过计算可知,当 $c_{CO_3^{2-}}/c_{HCO_3^-} = 1$,而温度高于 50 ℃ 时,$K_2CO_3$ 溶液中的 OH^- 浓度大于 10^{-4} mol/L,即 pH>10,此时 K_2CO_3 溶液吸收 CO_2 的反应可视作单一反应,见式(26-2)。

Danckwerts 等人将 K_2CO_3 溶液的转化度 f 定义为溶液中转化掉的CO_3^{2-} 与溶液中总的 CO_3^{2-} 的浓度之比,即

$$f = \frac{c_{HCO_3^-}}{2c_{CO_3^{2-}} + c_{HCO_3^-}} \tag{26-6}$$

当 f 较大时,式(26-2)为快速反应,可由二级反应简化为拟一级反应处理。根据化学吸收的双膜渗透理论,拟一级反应的增强因子 β 为

$$\beta = \sqrt{\frac{D_{CO_2} k_{OH^-} c_{OH^-}}{k_L^2}} \tag{26-7}$$

式中:D_{CO_2}——CO_2 在液相中的扩散系数,m^2/s;

$\quad k_{OH^-}$——CO_2 与 OH^- 反应的反应速率常数,s^{-1};

$\quad k_L$——液膜传质系数,m/s。

相应的化学吸收速率式为

$$N_{CO_2} = \beta k_L (c_{CO_2,i} - c_{CO_2}^*) \tag{26-8}$$

式中:N_{CO_2}——CO_2 的瞬时吸收速率,$mol/(m^2 \cdot s)$;

$\quad c_{CO_2,i}$——气液相界面 CO_2 的浓度,mol/L;

$\quad c_{CO_2}^*$——液相主体中 CO_2 的平衡浓度,mol/L。

若液相吸收以 CO_2 分压为推动力,则

$$N_{CO_2} = \beta k_G H_{CO_2}(p_{CO_2,i} - p_{CO_2}^*) = H_{CO_2}\sqrt{D_{CO_2}k_{OH^-}c_{OH^-}}(p_{CO_2,i} - p_{CO_2,1}^*) \tag{26-9}$$

式中:k_G——气膜传质系数;

H_{CO_2}——CO_2 的溶解度系数,$mol/(L \cdot kPa)$;

$p_{CO_2,i}$——气液相界面 CO_2 的分压,kPa;

$p_{CO_2,1}^*$——界面处 CO_2 的平衡分压,kPa。

将式(26-5)代入式(26-9),可得

$$N_{CO_2} = H_{CO_2}\sqrt{D_{CO_2}k_{OH^-} \cdot \frac{K_w}{K_2} \cdot \frac{c_{CO_3^{2-}}}{c_{HCO_3^-}}}(p_{CO_2,i} - p_{CO_2,1}^*) \tag{26-10}$$

对比式(26-10)和式(26-9),可得气液传质系数 K 为

$$K = \beta k_L H_{CO_2} = H_{CO_2}\sqrt{D_{CO_2}k_{OH^-} \cdot \frac{K_w}{K_2} \cdot \frac{c_{CO_3^{2-}}}{c_{HCO_3^-}}} \tag{26-11}$$

式(26-6)可写成

$$\frac{c_{HCO_3^-}}{c_{HCO_3^-}} = \frac{1-f}{2f} \tag{26-12}$$

将式(26-12)代入式(26-11),可得

$$K = H_{CO_2}\sqrt{D_{CO_2}k_{OH^-} \cdot \frac{K_w}{K_2} \cdot \frac{1-f}{2f}} \tag{26-13}$$

由式(26-13)可见,气液传质系数 K 不仅与反应速率常数 k_{OH^-} 有关,还与 H_{CO_2},D_{CO_2},K_w,K_2 和 f 有关。反应速率常数 k_{OH^-} 和平衡常数 K_w,K_2 主要取决于温度。D_{CO_2} 取决于溶液的黏度,溶液的黏度又取决于温度与转化度。转化度 f 仅与溶液浓度有关。因此,在一定温度条件下,可认为气液传质系数 K 仅是转化度 f 的函数,$\lg K$ 与 $\lg[(1-f)/2f]$ 呈线性关系,斜率为 0.5。

本实验采用纯 CO_2 作为气源,使用 $1.2\ mol/L$ 的 K_2CO_3 作为吸收液,控制吸收在 $60\ ℃$ 条件下进行。由于 $60\ ℃$ 时溶液的水蒸气分压 p_w 较大,因此气相总压 p 减去水蒸气分压才是界面 CO_2 的分压 $p_{CO_2,i}$。

K_2CO_3 溶液界面的水蒸气分压与转化度 f 的关系为

$$p_w = 0.01728(1 - 0.3f) \tag{26-14}$$

界面处 CO_2 的分压为

$$p_{CO_2,i} = p - p_w = p - 0.01728(1 - 0.3f) \tag{26-15}$$

界面处 CO_2 平衡分压 $p_{CO_2,1}^*$ 的计算式为

$$p_{CO_2,1}^* = 1.98 \times 10^8 c^{0.4}\left(\frac{f^2}{1-f}\right)\exp\left(-\frac{8160}{T_r}\right) \tag{26-16}$$

式中:c——吸收液中 K_2CO_3 的浓度,mol/L;

T_r——反应温度,K。

联立式(26-10)和式(26-11),可得

$$K = \frac{N_{CO_2}}{p_{CO_2,i} - p_{CO_2,1}^*} \tag{26-17}$$

可见,只要测得瞬时吸收速率 N_{CO_2} 和溶液的转化度 f,便可求得吸收推动力,进而求出传质系数 K。CO_2 的瞬时吸收速率 N_{CO_2} 可由式(26-18)计算得到。

$$N_{CO_2} = \frac{pV_{CO_2}}{RTS} \tag{26-18}$$

式中:V_{CO_2}——CO_2 的瞬时吸收量,m^3/s;

p——气相总压,Pa;

S——传质面积,m^2;

T——CO_2 气体温度,K;

R——气体常数,$R=8.3145$ Pa $\cdot$ $m^3/(mol \cdot K)$。

吸收液的转化度用酸解法测定。该方法利用 K_2CO_3 与 H_2SO_4 反应放出 CO_2,用量气管测量放出的 CO_2 体积,求出溶液转化度。反应式如下:

$$K_2CO_3 + H_2SO_4 \Longrightarrow K_2SO_4 + CO_2 \uparrow + H_2O \tag{26-19}$$

$$2KHCO_3 + H_2SO_4 \Longrightarrow K_2SO_4 + 2CO_2 \uparrow + 2H_2O \tag{26-20}$$

三、实验装置与试剂

(一)实验装置

双驱动搅拌吸收器测定气液传质系数实验装置如图 26-1 所示。钢瓶中的 CO_2 经减压阀减压后流经气体稳压管,稳压后的气体经气体调节阀调节流量、皂膜流量计计量后,进入水饱和器。经过水饱和器的 CO_2 气体从搅拌吸收器中部进入,经碱液吸收后的尾气从吸收器上部出口引出,经出口皂膜流量计计量后放空。吸收器前后压力分别由 U 型压差计示出;水饱和器以及吸收器的温度由恒温槽循环水控制。

双驱动搅拌吸收器是本实验中的关键设备,其中设有气相(上)和液相(下)两个搅拌器,分别对气相、气液相界面和液相进行搅拌。搅拌桨转速可分别调节,转速范围为 $0\sim200$ r/min,转速误差在 ±1 r/min 以内。吸收器中部和上部分别设有气体的进、出口管,顶部有测压孔,中部与底部有加液管及取样口。

吸收液的转化度用酸解法测定,实验装置如图 26-2 所示。

(二)实验试剂

实验所用试剂为 1.2 mol/L K_2CO_3 溶液、3 mol/L H_2SO_4、CO_2(钢瓶装)。

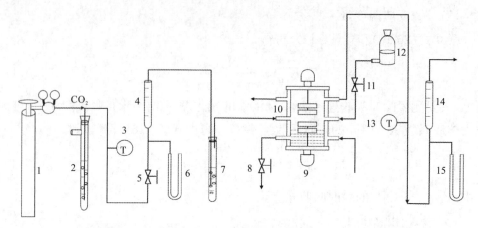

1—CO_2 钢瓶;2—气体稳压管;3、13—气体温度计;4、14—皂膜流量计;
5—气体调节阀;6、15—压差计;7—水饱和器;8—吸收液取样阀;9—电动搅拌浆;
10—双驱动搅拌吸收器;11—弹簧夹;12—储液瓶。

图 26-1　双驱动搅拌吸收器测定气液传质系数实验装置示意图

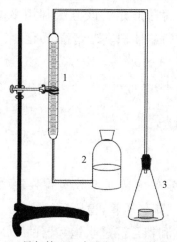

1—量气管;2—水准瓶;3—反应瓶。

图 26-2　酸解法实验装置示意图

四、实验步骤

1. 开启总电源,同时开启超级恒温槽,将温度调节至(60.0 ± 0.2)℃。

2. 开启 CO_2 钢瓶总阀,调节钢瓶减压阀,控制适当的 CO_2 气体流量,置换吸收器内的空气(不少于 15 min)。

3. 空气置换完全后,调节 CO_2 气体流量,注意观察气体稳压管是否有均匀气泡冒出。将超级恒温槽内的循环恒温水注入吸收器的夹套。

4. 取 $300\sim400$ mL 1.2 mol/L K_2CO_3 溶液,加热至 60 ℃左右,转移至吸收器内,保持液面在液相搅拌器上层浆叶下沿的 1 mm 左右,以保证浆叶转动时正好接触液面,既可更新表面,又不破坏液体表面的平稳状态。

5. 开启搅拌桨,调节气相及液相搅拌转速(控制在 100 r/min 左右),液相的转速不能过大,以防液面波动造成实验误差。

6. 以启动搅拌为起点,每 15 min 用皂膜流量计测定一次进、出口 CO_2 气体的流量,并据此计算瞬时吸收速率,连续测定 3 h 后停止实验。

7. 停止实验后,打开吸收液取样阀,用 500 mL 量筒接取吸收液并精确测量体积。

8. 关闭吸收液取样阀、气体调节阀、CO_2 减压阀、钢瓶阀,关闭超级恒温槽的电源,调节气、液相搅拌器转速至零,关掉总电源。

9. 采用酸解法测定转化度。用移液管量取 5 mL H_2SO_4(3 mol/L),置于反应瓶的外瓶中,准确吸取 1 mL 吸收液置于反应瓶的内瓶中。提高水准瓶,使液面升至量气管的上部,塞紧反应瓶塞,使其不漏气,然后举起水准瓶,使量气管内液面与水准瓶液面持平,记下量气管的读数 V_1。摇动反应瓶,使 H_2SO_4 与吸收液充分混合,直至反应完全(无气泡发生),再次举起水准瓶,使量气管内液面与水准瓶液面持平,记下量气管读数 V_2。

五、注意事项

1. 使用皂膜流量计前应先用水清洗皂膜流量计内部。

2. 皂膜液体要适量,液面不可淹没下端玻璃进气口的交叉处。

3. 为防止皂膜破裂,应合理调配水和洗洁精的比例,使用前充分润湿管壁。

4. 实验过程中 CO_2 尾气应排至室外,防止在室内累积。

5. 实验结束后应清洗吸收器,防止锈蚀设备;及时排出装置中的存水,防止结垢,滋生藻类。

六、数据记录与处理

1. 将实验数据填入表 26-1 和表 26-2,分别根据式(26-8)和式(26-21)计算 CO_2 瞬时吸收速率与转化度,求出传质系数 K。

表 26-1 CO_2 瞬时吸收速率测定实验数据记录表

大气压=____ kPa　　　　传质面积=____ m^2　　　　K_2CO_3 溶液体积=____ mL

气体进口温度=____ ℃　　气体出口温度=____ ℃　　吸收温度=____ ℃

气相搅拌器转速=____ r/min　液相搅拌器转速=____ r/min

序号	时间/s	CO_2 流量/(mL/s)		CO_2 瞬时吸收速率/[mol/(m²·s)]
		气体进口	气体出口	
1				
2				
3				

表 26-2　酸解法实验数据记录表

酸解温度＝＿＿＿℃　　　　大气压＝＿＿＿kPa

	V_1/mL	V_2/mL	(V_1-V_2)/mL
吸收前			
吸收后			

$$f = \frac{V_{CO_2,f} - V_{CO_2,0}}{V_{CO_2,0}} \tag{26-21}$$

$$V_{CO_2} = (V_2 - V_1)\frac{p - p_{H_2O}}{101.3} \times \frac{273.2}{T_{酸解}} \tag{26-22}$$

$$p_{H_2O} = 0.1333\exp\left(18.3036 - \frac{3816.44}{T_{酸解} - 46.13}\right) \tag{26-23}$$

式中：V_{CO_2}——1 mL 吸收液酸解释放的 CO_2 体积，其中 $V_{CO_2,0}$ 和 $V_{CO_2,f}$ 分别代表吸收前和吸收后的吸收液，mL；

p_{H_2O}——水蒸气的分压，Pa；

$T_{酸解}$——酸解温度，K。

2. 在双对数坐标系中绘制 $[(1-f)/2f]$-K 曲线。

七、思考题

1. 物理吸收和化学吸收有什么不同？

2. 举例说明工业生产中化学吸收的应用有哪些。

3. 本实验中 K_2CO_3 溶液的加入量是如何确定的？

4. 实验前为何要用 CO_2 置换实验装置中的空气？

5. 本实验中为什么要记录酸解操作的温度？

6. CO_2 气体进入吸收器前为何要经过水饱和器？

7. 简述气体稳压管的作用原理。

8. 本实验中 K_2CO_3 溶液的转化度是如何确定的？

9. 若搅拌速度加快，K 和 f 会发生什么变化？

第5章 Chapter 5 化工工艺实验

实验 27 催化反应精馏法制甲缩醛

一、实验目的

1. 了解反应精馏的原理和特点。

2. 掌握反应精馏实验装置的操作方法,以及调控反应精馏装置运行状态的手段。

3. 掌握正交实验设计方法,确定制备甲缩醛的最佳工艺和影响工艺的主要因素。

二、实验原理

反应精馏是将反应与蒸馏过程结合为一体的特殊精馏技术。该技术既能利用精馏的作用提高反应的平衡转化率,抑制串联反应的发生,又能利用反应的热效应降低精馏的能耗,强化传质。因此,与反应、精馏分别进行的方法相比,该技术具有产品收率高、能耗低、投资少、流程简单等优点。反应精馏对以下两种情况特别适用:①可逆反应。受反应平衡的影响,转化率通常只能维持在平衡转化的水平。但是,如果生成物中有低沸点或高沸点产物存在,则精馏过程可以使其连续地从系统中排出,使反应平衡向产物方向移动,从而提高产物的收率。②异构体混合物的分离。通常情况下,异构体的沸点接近,仅靠精馏方法不易分离提纯。如果异构体能够发生化学反应,生成沸点差异较大的物质,则可用通过反应精馏予以分离。

本实验以甲醛和甲醇缩合生成甲缩醛的反应为对象,研究反应精馏工艺。其反应式为

$$2CH_3OH + CH_2O \Longrightarrow C_3H_8O_2 + H_2O \qquad (27-1)$$

该反应是在酸催化条件下进行的可逆放热反应。受平衡转化率的限制,若采用先反应后分离的方法,即使以 $38\% \sim 40\%$ 的高浓度甲醛水溶液为原料,甲醛的转化率也只能达到 60% 左右,而且未反应的甲醛会给后续分离造成困难。而采用反应精馏的方法则可以有效推动反应平衡向产物方向移动。这是因为,在该反应体系中,产物甲缩醛的相对挥发度最大($\alpha_{甲缩醛} > \alpha_{甲醇} > \alpha_{甲醛} > \alpha_{水}$),利用精馏操作可以将其从系统中不断分离出去,促使反应平衡向产物方向移动,显著提高甲缩醛

的平衡转化率。采用反应精馏工艺合成甲缩醛还有以下优点：①在合理的工艺和设备条件下，可以从塔顶直接获得合格的甲缩醛产品。②反应和分离在同一装置中进行，可以节省设备费用和操作费用。③反应热可直接用于精馏过程，以降低能耗。④精馏有提浓作用，对原料甲醛的浓度要求低，浓度为 7%～38% 的甲醛水溶液均可使用。

本实验采用连续反应精馏实验装置，考察原料甲醛浓度、催化剂浓度、回流比、甲醛与甲醇的摩尔比等因素对甲缩醛收率的影响，从中选出最佳工艺条件。

三、实验装置与试剂

（一）实验装置

实验装置如图 27-1 所示。精馏塔由玻璃制成，塔径为 25 mm，塔高为 2400 mm，共分为三段，由上至下依次为精馏段、反应段和提馏段，塔内装填弹簧状玻璃丝填料。塔釜为 1000 mL 的三口烧瓶，由加热套加热。塔顶采用电磁摆针式回流比控制装置。塔顶、塔体和塔釜共设置 5 个测温点。原料甲醛与催化剂混合后，经甲醛进料泵（计量泵）由反应段顶部加入，甲醇由反应段下部加入。采集塔顶和塔釜产品后，利用气相色谱仪分析其组成。

（二）实验试剂

实验所用试剂为甲醛水溶液、甲醇（化学纯或工业级）、浓硫酸（用作催化剂，使用时预先混入甲醛水溶液，浓度为 1%～3%）。

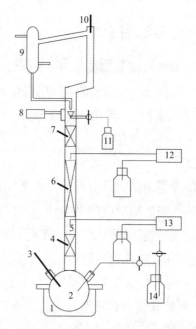

1—加热套；2—三口烧瓶；3、4、6、7、10—测温点；
5—精馏塔；8—回流比控制器；9—冷凝器；
11—塔顶产品收集瓶；12—甲醛进料泵；
13—甲醇进料泵；14—釜液储瓶。

**图 27-1　催化反应精馏法制甲缩醛
实验装置示意图**

四、实验步骤

1. 检查精馏塔进出料系统各管线上阀门的开闭状态是否正常。

2. 向塔釜加入 400 mL 10% 甲醇水溶液。调节甲醛进料泵和甲醇进料泵，分别标定原料甲醛和甲醇的进料流量，甲醇的体积流量控制在 4～5 mL/min。

3. 先开塔顶冷却水，再开塔釜加热器。塔顶出现冷凝液后，全回流 20 min。

4.按选定的实验条件开始进料,同时用回流比控制器设置回流比。进料后,仔细观察并记录塔内各点的温度变化,测定并记录塔顶与塔釜的出料速度,调节出料量,使系统物料平衡。待塔顶温度稳定,每隔 15 min 取一次塔顶和塔釜样品,用气相色谱仪分析其组成,共取样 3 次,取其平均值作为实验结果。

5.实验完毕,切断进出料,停止加热。待塔顶无冷凝液回流,关闭冷却水。

6.根据表 27-1 改变实验条件,重复以上步骤,可获得不同条件下的实验结果。

五、注意事项

1.开启塔釜加热前,应先开启塔顶冷却水;实验结束时应该先关闭加热,后关闭塔顶冷却水。

2.开启塔釜加热器时,应调节加热电压使塔釜温度缓慢上升,不宜加热过猛。

六、数据记录与处理

1.以原料甲醛浓度、催化剂浓度、回流比、甲醛与甲醇的摩尔比为因素,设计四因素三水平正交实验方案,将实验条件填入表 27-1。

表 27-1　催化反应精馏法制甲缩醛正交实验方案

实验号	甲醛浓度/%	催化剂浓度/%	回流比	流量/(mL/min)		甲醛/甲醇(摩尔比)
				甲醛	甲醇	
1						
2						
3						
4						
5						
6						
7						
8						
9						

2.根据正交实验方案完成实验,采用气相色谱仪分析不同实验条件下的塔顶和塔釜产品组成,根据式(27-2)计算甲缩醛的收率 Y,并填入表 27-2。

$$Y = \frac{Dx_D + Wx_W}{Fx_F} \times \frac{M_m}{M_f} \times 100\% \qquad (27\text{-}2)$$

式中:Y——甲缩醛收率,%;

　　　D——塔顶馏出液的质量流量,g/min;

　　　W——塔釜出料的质量流量,g/min;

F——进料甲醛水溶液的质量流量，g/min；

x_D——塔顶馏出液中甲缩醛的质量分数，%；

x_W——塔釜出料液中甲缩醛的质量分数，%；

x_F——进料液中甲醛的质量分数，%；

M_m，M_f——甲缩醛、甲醛的分子量。

表 27-2　产品组成和甲缩醛收率

实验号	甲缩醛质量分数/%								甲缩醛收率/%
	15 min		30 min		45 min		平均值/%		
	塔顶	塔釜	塔顶	塔釜	塔顶	塔釜	塔顶	塔釜	
1									
2									
3									
4									
5									
6									
7									
8									
9									

3.绘制全塔温度分布图,绘制甲缩醛收率、塔顶甲缩醛质量分数与回流比关系图。

4.以甲缩醛收率为指标,根据实验结果,采用方差分析法确定最佳工艺条件。

七、思考题

1.为什么反应精馏可以提高甲缩醛的转化率? 哪些反应可以采用反应精馏提高平衡转化率?

2.反应精馏塔操作中,根据什么原则确定甲醛和甲醇的加料位置? 为什么催化剂硫酸要与甲醛一同加入,而不与甲醇一同加入?

3.反应精馏塔内的温度分布有什么特点? 随着原料甲醛浓度和催化剂浓度的变化,精馏塔反应段温度如何变化? 这个变化说明了什么问题?

4.根据塔顶甲缩醛质量分数与回流比的关系以及塔内温度分布的特点,讨论反应精馏与普通精馏有何异同。

5.为提高甲缩醛的收率,可以采取哪些措施?

实验 28　一氧化碳中温-低温串联变换反应

一、实验目的

1. 通过模拟一氧化碳中温-低温串联变换反应过程,深入了解多相催化反应有关知识。

2. 采用直流流动法同时测定铁基催化剂和铜基催化剂的相对活性,掌握气固相催化剂活性的评价方法。

3. 掌握气固相催化反应动力学实验研究方法,掌握反应速率常数和活化能的测定方法。

二、实验原理

氢气是石油化工和合成氨工业中的重要原料。工业上一般以煤炭为原料,在水蒸气存在下反应获得以氢气和一氧化碳为主的煤气。为获得纯的氢气,需要利用一氧化碳变换反应,其反应式如下:

$$CO + H_2O \rightleftharpoons CO_2 + H_2 \tag{28-1}$$

此反应需要催化剂参与。中温变换反应温度为 $350 \sim 500$ ℃,需要采用铁基催化剂;低温变换反应温度为 $220 \sim 320$ ℃,需要采用铜基催化剂。

一氧化碳变换反应的反应程度可以用一氧化碳变换率 α 来表示:

$$\alpha = \frac{y_{CO,d}^0 - y_{CO,d}}{y_{CO,d}^0(1 + y_{CO,d})} = \frac{y_{CO_2,d} - y_{CO_2,d}^0}{y_{CO,d}^0(1 - y_{CO_2,d})} \tag{28-2}$$

式中:$y_{CO,d}^0$——反应前气体混合物中 CO 的干基摩尔分数;

$\quad\quad y_{CO,d}$——反应后气体混合物中 CO 的干基摩尔分数;

$\quad\quad y_{CO_2,d}^0$——反应前气体混合物中 CO_2 的干基摩尔分数;

$\quad\quad y_{CO_2,d}$——反应后气体混合物中 CO_2 的干基摩尔分数。

研究表明,使用铁基催化剂的一氧化碳中温变换反应本征动力学方程和使用铜基催化剂的一氧化碳低温变换反应本征动力学方程可以分别用式(28-3)和式(28-4)表示。

$$r_1 = -\frac{dN_{CO}}{dW} = \frac{dN_{CO_2}}{dW} = k_{T_1} p_{CO} p_{CO_2}^{-0.5} \left(1 - \frac{p_{CO_2} p_{H_2}}{K_p p_{CO} p_{H_2O}}\right) = k_{T_1} f_1(p_i) \tag{28-3}$$

$$r_2 = -\frac{dN_{CO}}{dW} = \frac{dN_{CO_2}}{dW} = k_{T_2} p_{CO} p_{H_2O}^{0.2} p_{CO_2}^{-0.5} p_{H_2}^{-0.2} \left(1 - \frac{p_{CO_2} p_{H_2}}{K_p p_{CO} p_{H_2O}}\right)$$

$$= k_{T_2} f_2(p_i) \tag{28-4}$$

其中,

$$K_p = \exp\left[2.3026 \times \left(\frac{2185}{T} - \frac{0.1102}{2.3026}\ln T + 0.6218 \times 10^{-3}T -\right.\right.$$

$$\left.\left. 1.0604 \times 10^{-7}T^2 - 2.218\right)\right] \tag{28-5}$$

$$f_1(p_i) = p_{CO}\,p_{CO_2}^{-0.5}\left(1 - \frac{p_{CO_2}\,p_{H_2}}{K_p\,p_{CO}\,p_{H_2O}}\right) \tag{28-6}$$

$$f_2(p_i) = p_{CO}\,p_{H_2O}^{0.2}\,p_{CO_2}^{-0.5}\,p_{H_2}^{-0.2}\left(1 - \frac{p_{CO_2}\,p_{H_2}}{K_p\,p_{CO}\,p_{H_2O}}\right) \tag{28-7}$$

式中:r_1——中温变换反应速率,mol/(g·h);

N_{CO},N_{CO_2}——CO 和 CO$_2$ 的摩尔流量,mol/h;

W——催化剂质量,g;

k_{T_1}——中温变换反应速率常数,mol/(g·h·Pa$^{0.5}$)

p_{CO},p_{CO_2},p_{H_2},p_{H_2O}——反应体系中 CO,CO$_2$,H$_2$,H$_2$O 的压力,Pa;

K_p——以分压表示的平衡常数,无量纲;

p_i——各组分的分压,Pa;

r_2——低温变换反应速率,mol/(g·h);

k_{T_2}——低温变换反应速率常数,mol/(g·h·Pa$^{0.5}$);

T——反应温度,K。

在恒温条件下,可以按照下式计算反应速率常数:

$$k_T = \frac{V_{0,i}\,y_{CO}^0}{22.4W}\int_0^{\alpha_{出}}\frac{d\alpha}{f(p_i)} \tag{28-8}$$

式中:k_T——中温或低温变换反应速率常数,mol/(g·h·Pa$^{0.5}$);

$V_{0,i}$——反应器入口湿基标准态体积流量,L/h;

$\alpha_{出}$——中温或低温变换反应器出口 CO 变换率;

$f(p_i)$——中温变换时为 $f_1(p_i)$,低温变换时为 $f_2(p_i)$。

根据式(28-8),对某一温度下的反应速率常数,可以采用图解积分法或利用计算机编程求解。测得多个温度的反应速率常数之后,根据阿伦尼乌斯方程即式(28-9),可求得指前因子和活化能。

$$k_T = A\exp\left(-\frac{E_a}{RT}\right) \tag{28-9}$$

式中:A——指前因子,mol/(g·h·Pa$^{0.5}$);

E_a——活化能,J/kg;

R——气体常数,数值为 $R = 8.314$ J/(mol·K)。

由于中温变换后引出部分气体分析,所以低温变换气体的流量需要重新计量,低温变换反应器入口气体组成可经物料衡算得到,计算式如下:

$$y_{1H_2O} = y_{H_2O}^0 - y_{CO}^0\alpha_1 \tag{28-10}$$

$$y_{1CO} = y_{CO}^0 (1 - \alpha_1) \tag{28-11}$$

$$y_{1CO_2} = y_{CO_2}^0 + y_{CO}^0 \alpha_1 \tag{28-12}$$

$$y_{1H_2} = y_{H_2}^0 + y_{CO}^0 \alpha_1 \tag{28-13}$$

$$V_2 = V_1 - V_a = V_0 - V_a \tag{28-14}$$

$$V_a = V_{a,d}(1 + s) = \frac{V_{a,d}}{1 - (y_{H_2O}^0 - y_{CO}^0 \alpha_1)} \tag{28-15}$$

式中：α_1——中温变换反应的 CO 变换率；

$y_{H_2O}^0, y_{CO}^0, y_{CO_2}^0$ 和 $y_{H_2}^0$——中温变换反应前气体混合物中 H_2O、CO、CO_2 和 H_2 的湿基摩尔分数；

$y_{1H_2O}, y_{1CO}, y_{1CO_2}$ 和 y_{1H_2}——低温变换反应器入口气体混合物中 H_2O、CO、CO_2 和 H_2 的湿基摩尔分数；

V_0——中温变换反应器入口气体湿基流量，L/h；

V_1——中温变换反应器中气体湿基流量，L/h；

V_a——中温变换反应后引出分析气体的湿基流量，L/h；

$V_{a,d}$——中温变换反应后引出分析气体的干基流量，L/h；

V_2——低温变换反应器中气体湿基流量，L/h；

s——低温变换反应器入口水蒸气与原料气比（水气比）。

转子流量计测定的数值是用空气在 20 ℃、标准大气压条件下标定的，所以需要对流量计的读数 $V_{a,d}$ 进行换算，需要求出中温变换反应器出口各组分干基摩尔分数：

$$y_{1CO,d} = \frac{y_{CO,d}^0 (1 - \alpha_1)}{1 + y_{CO,d}^0 \alpha_1} \tag{28-16}$$

$$y_{1CO_2,d} = \frac{y_{CO_2,d}^0 + y_{CO,d}^0 \alpha_1}{1 + y_{CO,d}^0 \alpha_1} \tag{28-17}$$

$$y_{1H_2,d} = \frac{y_{H_2,d}^0 + y_{CO,d}^0 \alpha_1}{1 + y_{CO,d}^0 \alpha_1} \tag{28-18}$$

$$y_{1N_2,d} = \frac{y_{N_2,d}^0}{1 + y_{CO,d}^0 \alpha_1} \tag{28-19}$$

式中：$y_{1CO,d}, y_{1CO_2,d}, y_{1H_2,d}$ 和 $y_{1N_2,d}$——低温变换反应器入口气体混合物中 CO、CO_2、H_2 和 N_2 的干基摩尔分数；

$y_{H_2,d}^0$ 和 $y_{N_2,d}^0$——反应前气体混合物中 H_2 和 N_2 的干基摩尔分数。

同理，可得到低温变换反应的速率常数和活化能。

三、实验装置与试剂

(一)实验装置

实验装置如图 28-1 所示。实验用的原料气氮气、氢气、二氧化碳和一氧化碳分别由钢瓶引出,经过滤器净化,由稳压器稳定压力,各自经流量计计量,在混合器混合成为原料气。原料气经总流量计计量后进入脱氧槽脱掉微量氧气,然后进入水饱和器混入水蒸气,再进入中温变换反应器。反应后的少量气体引出冷却,经冷凝器和分离器除水,经流量计计量和气相色谱仪检测后排放;其余气体进入低温变换反应器,反应后的气体经冷凝器和分离器除水,经流量计计量和气相色谱仪检测后排放。

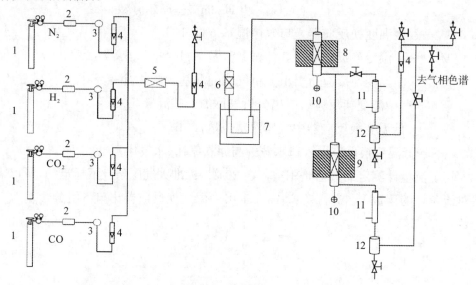

1—钢瓶;2—过滤器;3—稳压器;4—转子流量计;5—混合器;6—脱氧槽;
7—水饱和器;8—中温变换反应器;9—低温变换反应器;
10—测温点(热电偶);11—冷凝器;12—分离器。

图 28-1　一氧化碳中温-低温变换实验装置示意图

(二)实验试剂

实验所用试剂为氮气、氢气、二氧化碳和一氧化碳,均为钢瓶装。也可以购置钢瓶装的四种气体的混合气体用于实验。

四、实验步骤

1. 检查系统是否处于正常状态。

2. 开启氮气钢瓶,置换系统中的空气(5 min)。

3. 接通电源,打开反应器控温仪,缓慢升高反应器温度,同时将脱氧槽温度缓慢升至 200 ℃并保持稳定。

4. 中温、低温变换反应器的温度升至 110 ℃时,开启管道保温控制仪和水饱和器,使水饱和器温度稳定在实验温度(72.8~80.0 ℃),同时打开冷却水。

5. 调节中温、低温变换反应器温度至实验温度后,切换成原料气,稳定 20 min 左右,随后进行分析,记录实验条件和实验数据。控制氮气、氢气、二氧化碳和一氧化碳的流量为 2~4 L/h,总流量为 8~15 L/h,中温变换反应器出口分流量为 2~4 L/h。中温变换反应器温度先后设置为 360 ℃、390 ℃和 420 ℃,低温变换反应器温度先后设置为 220 ℃、240 ℃和 260 ℃。

6. 实验结束,关闭原料气钢瓶,切换成氮气,关闭反应器控温仪。

7. 关闭水饱和器加热电源,置换水浴热水。

8. 关闭管道保温控制仪,待反应器温度降至 150 ℃以下,关闭脱氧槽加热电源、冷却水、氮气钢瓶、各仪表电源及总电源。

五、注意事项

1. 由于实验过程中有水蒸气加入,为避免水蒸气在反应器内冷凝使催化剂结块,反应器温度升至 110 ℃以后才能启动水饱和器。实验结束后,须在床层温度降至 150 ℃以前关闭水饱和器。

2. 在无水条件下,原料气会将催化剂过度还原而使其失活,故原料气通入系统前要先混入水蒸气。实验结束后,必须先切断原料气,后切断水蒸气。

3. 充分认识一氧化碳的危险性,实验过程中做好安全防护。

六、数据记录与处理

1. 将实验数据填入表 28-1。水气比 s 可以通过式(28-20)和安托万方程即式(28-21)计算得到。

$$s = \frac{p_{H_2O}^*}{p_a + p_g - p_{H_2O}^*} \tag{28-20}$$

$$\lg p_{H_2O}^* = a - \frac{b}{c+t} \tag{28-21}$$

式中:$p_{H_2O}^*$——水的饱和蒸气压,kPa;

　　　p_a——大气压,kPa;

　　　p_g——气体表压,kPa。

在 10~168 ℃范围内,$a=7.07406$,$b=1657.16$,$c=227.02$。

表 28-1　CO 中温-低温变换实验数据记录表

序号	反应温度/℃		流量/(L/h)						水饱和器温度/℃	系统压力/Pa	CO_2 浓度/%	
	中温	低温	N_2	H_2	CO_2	CO	V_0	V_a			中温	低温
1												
2												
3												

2. 根据实验数据计算不同实验条件下中温变换反应和低温变换反应的一氧化碳变换率。

3. 分别计算不同实验条件下一氧化碳中温变换反应和低温变换反应的反应速率常数,根据多个温度下的反应速率常数分别计算一氧化碳中温变换反应和低温变换反应的活化能和指前因子。

七、思考题

1. 实验中氮气和水蒸气的作用分别是什么?

2. 实验中如何在原料气体中混入水蒸气?

3. 实验中使用了一氧化碳,应该采取哪些措施确保实验的安全?

4. 中温变换反应和低温变换反应的一氧化碳变换率及反应速率常数随反应温度的升高分别呈现何种变化规律? 为什么?

5. 一氧化碳中温变换反应和低温变换反应的活化能哪个较大? 这说明了什么?

实验 29　乙苯脱氢制苯乙烯

一、实验目的

1. 掌握乙苯脱氢实验的反应机理和特点,了解其副反应和副产物。

2. 了解以乙苯为原料,在气固相管式固定床反应器中制备苯乙烯的过程,学会稳定工艺操作条件的方法。

3. 了解气固相管式固定床反应器的构造、原理以及操作和安装方法。

4. 掌握乙苯脱氢制苯乙烯的转化率、选择性、收率与反应温度的关系,找出适宜的反应温度区间。

二、实验原理

苯乙烯在常温下为有辛辣气味的无色油状液体,其熔点为 $-30.6\ ℃$,沸点为 $145.0\ ℃$,难溶于水,能溶于甲醇、乙醇和乙醚等有机溶剂。苯乙烯是重要的化工原料,可用于合成树脂和橡胶等高分子材料,如聚苯乙烯、丁苯橡胶、丙烯腈-丁二烯-苯乙烯(acrylonitrile-butadiene-styrene,ABS)树脂等。

乙苯脱氢法是制备苯乙烯的主要方法,其反应式如下:

$$\text{（苯乙基）} \Longrightarrow \text{（苯乙烯基）} + H_2 \qquad (29\text{-}1)$$

可能发生的副反应有

$$\text{（乙苯）} + H_2 \Longrightarrow \text{（苯）} + C_2H_6 \qquad (29\text{-}2)$$

$$\text{（乙苯）} \Longrightarrow \text{（苯）} + C_2H_4 \qquad (29\text{-}3)$$

$$\text{（乙苯）} + H_2 \Longrightarrow \text{（甲苯）} + CH_4 \qquad (29\text{-}4)$$

在水蒸气存在的条件下,还可能发生下列反应:

$$\text{（乙苯）} + 2H_2O \Longrightarrow \text{（甲苯）} + CO_2 + 3H_2 \qquad (29\text{-}5)$$

此外,还有芳烃脱氢缩合及苯乙烯聚合生成焦油和焦等反应发生。这些副反应不仅使反应的选择性降低,而且极易使催化剂表面结焦,进而使其活性降低。

反应温度、压力和空速是影响乙苯脱氢反应转化率和产物分布的重要因素。

①温度。乙苯脱氢反应为吸热反应,提高温度可以增大平衡常数,从而提高脱氢反应的平衡转化率。但是,温度过高有利于副反应,使反应的选择性降低,而且高温会增大能耗,提高对设备材质的要求,所以反应温度应该控制在适宜的区间内。本实验的反应温度为 $540 \sim 600$ ℃。②压力。从反应式(29-1)可以看出,乙苯脱氢反应为体积增大的反应,因此,降低体系的压力有利于反应平衡向脱氢的方向移动,可以增大反应的平衡转化率。本实验采用的方法是添加水蒸气、降低乙苯分压,以提高乙苯的转化率。较适宜的水蒸气与乙苯的体积流量之比为 1.5:1。③空速。乙苯脱氢反应系统中有平行副反应和连串副反应。随着接触时间的延长,副反应程度也随之增大,反应的选择性可能降低,故需要采用较大的空速,以提高反应的选择性。空速的选择取决于催化剂的活性及反应温度,本实验中乙苯的液态空速为 $0.6 \ \mathrm{h}^{-1}$。

对不同反应条件下乙苯脱氢制苯乙烯的原料转化情况和主、副反应情况,可以转化率、选择性和收率为指标进行评价。这些指标可作为优化工艺条件的指标,具体计算式如下:

$$x = \frac{N_0 - N_1}{N_0} \times 100\% \tag{29-6}$$

$$s = \frac{N_a}{N_0 - N_1} \times 100\% \tag{29-7}$$

$$Y = xs \tag{29-8}$$

式中:x——乙苯的转化率,%;

s——乙苯脱氢生成苯乙烯反应的选择性,%;

Y——苯乙烯的收率,%;

N_0——原料中乙苯的物质的量,mol;

N_1——产物中乙苯的物质的量,mol;

N_a——转化为苯乙烯的乙苯的物质的量,mol。

三、实验装置与试剂

(一)实验装置

实验装置如图 29-1 所示。计量管 1、3 中的乙苯和水分别被计量泵 2、4 送入混合器 5,充分混合后经汽化器 6 汽化,随后进入反应器 7。反应后的产物经冷凝器 8、9 冷凝,液体产物收集于产品收集器 10 中,可通过取样阀 12 定时取样分析,气体产物由尾气出口 11 排出体系。

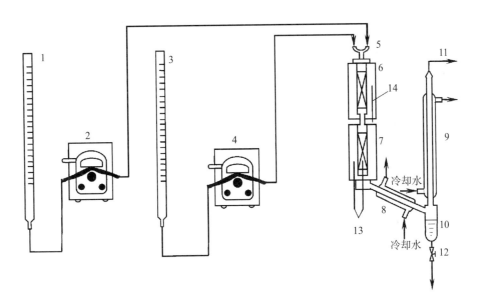

1—乙苯计量管；2、4—计量泵；3—水计量管；5—混合器；6—汽化器；7—反应器；

8、9—冷凝器；10—产品收集器；11—尾气出口；12—取样阀；13、14—热电偶。

图 29-1　乙苯脱氢制苯乙烯实验装置示意图

(二)实验试剂

实验所用试剂为乙苯、Fe_2O_3-CuO-K_2O-CeO_2（催化剂）和蒸馏水。

四、实验步骤

1. 接通电源，使汽化器和反应器逐步升温，同时打开冷却水。

2. 分别校正蒸馏水(0.75 mL/min)和乙苯(0.5 mL/min)的流量。

3. 当汽化器温度达到 300 ℃，反应器温度达到 400 ℃，加入蒸馏水。当反应器温度升至 500 ℃左右，加入乙苯。

4. 将反应器升温至预定的反应温度(540～600 ℃)，使之稳定 30 min。

5. 每隔 15 min 取一次粗产品，每个温度至少取两次。打开取样阀，收集粗产品，然后用分液漏斗分去水层，称量有机层质量。

6. 取少量有机层产品，用气相色谱仪分析其组成，并计算出各组分的含量。

7. 在 540～600 ℃范围内改变反应温度，重复步骤 4～6。

8. 反应结束后，停止添加乙苯。将反应器温度维持在 500 ℃左右，继续通水蒸气，进行催化剂的清焦再生，约 30 min 后停止通水并降温。

9. 关闭总电源，关闭冷却水阀门。

五、注意事项

1. 实验过程中禁止触碰高温部件，防止烫伤。

2. 为降低实验过程中温度波动产生的影响,取样前应使反应器温度充分稳定。

3. 实验产生的尾气应排入实验室废气处理装置,防止在室内积聚。

六、数据记录与处理

1. 将实验原始数据填入表 29-1,将气相色谱仪检测获得的产品组成数据(质量分数)填入表 29-2,并根据表 29-1 中有机层产品的质量计算各组分的物质的量。

表 29-1　乙苯脱氢制苯乙烯实验原始数据

反应温度/℃	时间/min	原料加入量/mL						粗产品质量/g	
		水			乙苯			有机层	水层
		始	终	差值	始	终	差值	加入质量/g		

表 29-2　乙苯脱氢制苯乙烯实验产品组成

反应温度/℃	质量分数/%				物质的量/mol			
	苯	甲苯	乙苯	苯乙烯	苯	甲苯	乙苯	苯乙烯

2. 计算乙苯的转化率、反应的选择性和苯乙烯的收率并填入表 29-3,绘制这些参数与温度的关系图,找出适宜的反应温度区间。

表 29-3　乙苯脱氢制苯乙烯实验结果

反应温度/℃	乙苯的转化率/%	反应的选择性/%	苯乙烯的收率/%

七、思考题

1. 确定乙苯脱氢制苯乙烯实验温度范围的依据是什么?

2. 原则上,负压操作有利于乙苯向苯乙烯的转化。试分析本实验未采用负压操作的原因。

3. 除本实验的方法外,还有哪些制备苯乙烯的方法?

4. 造成本实验所用催化剂失活的可能原因有哪些? 如何使催化剂再生?

5. 本实验中水蒸气的作用有哪些?

实验 30　生物质热解实验

一、实验目的

1. 了解热解加工工艺的基本过程和相关概念。
2. 掌握生物质热解的基本原理和规律。
3. 掌握实验室管式炉的工作原理和使用方法。
4. 了解复杂反应体系工艺条件的考察和优化方法。

二、实验原理

生物质是指利用大气、水、土地等通过光合作用而产生的各种有机体,即一切有生命的可以生长的有机物质,包括所有的植物、微生物以及以植物、微生物为食物的动物及其生产的废弃物。生物质是一种十分重要的可再生能源和原材料,其来源广泛。林业、农业和工业生产过程中产生的枝丫、秸秆、果壳、果核和木屑等废弃物均为生物质的重要来源。

热解是化工生产过程中的一种简单而有效的原料加工方式,广泛应用于石油、煤炭和天然气等生产过程,如石油热裂化生产汽油、柴油,煤炭高温干馏生产焦炭,天然气、重油部分燃烧热解制乙炔、炭黑,煤炭、生物质热解制活性炭等。

生物质的供应具有季节性、地域性,而且其能量密度低,不利于长距离运输和大规模利用,这些因素均制约其应用。采用热解工艺可将生物质转化为能量密度更大的可燃气体、热解油和半焦。热解油可经提质加工成为高品质液体燃料。半焦是一种能量密度较大的固体燃料,可以进一步加工为活性炭等碳材料。

生物质热解过程十分复杂。在热作用下,生物质中有机物的共价键发生断裂、重组,从而生成一系列产物。由于产物的组成十分复杂,无法用某一个或某几个组分的收率作为优化工艺条件的指标。通常根据生物质热解产物的形态将产物分为固体产物(半焦)、液体产物(热解油和水)和气体产物。

本实验通过研究半焦、热解油、水和气体产物的收率随反应条件的变化规律,为优化生物质热解工艺条件提供依据。在实验室固定床热解反应器中,影响生物质热解产物收率的因素主要有热解终温、升温速率、载气流量和原料的粒径等。半焦、热解油、水和气体产物的收率可以分别由式(30-1)~式(30-4)计算。

$$Y_{半焦} = \frac{m_{半焦}}{m} \times 100\% \qquad (30\text{-}1)$$

$$Y_{热解油} = \frac{m_{热解油}}{m} \times 100\% \qquad (30\text{-}2)$$

$$Y_{水} = \frac{m_{水}}{m} \times 100\% \qquad (30\text{-}3)$$

$$Y_{气} = 100\% - Y_{半焦} - Y_{热解油} - Y_{水} \qquad (30\text{-}4)$$

式中：$m_{半焦}$——热解产物半焦的质量，g；

　　　m——生物质的干燥无灰基质量，g；

　　　$m_{热解油}$——热解产物热解油的质量，g；

　　　$m_{水}$——热解产物水的质量，g。

三、实验装置与试剂

（一）实验装置

实验所用热解装置如图 30-1 所示。实验装置的主体部分是立式管式炉，内置石英管，实验时样品置于石英管内的样品吊篮中。实验采用氮气作为载气，其流量可以通过流量计调节。热解产生的挥发性产物随载气进入冷凝管，冷却的热解油和水可以通过产品收集瓶收集。气体产物随载气排出实验装置。

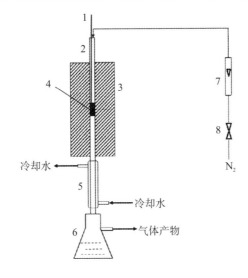

1—热电偶；2—石英管；3—管式炉；4—样品吊篮；5—冷凝管；

6—产品收集瓶；7—流量计；8—阀门。

图 30-1　生物质热解实验装置示意图

（二）实验材料与试剂

可根据具体情况选用秸秆、核桃壳或木屑等作为生物质原料。实验前须将其破碎至 60～150 目，110 ℃真空干燥 24 h 后置于干燥器中保存备用。

四、实验步骤

1. 称取 10 g 生物质原料放入样品吊篮，然后将吊篮置于管式炉石英管中。

2. 装好石英管的进、出口法兰,然后通入氮气,调节氮气流量至设定值(50~200 mL/min)。

3. 打开冷凝管的冷却水,待氮气流量平稳,开始加热,按照实验设计的升温速率升至设定的反应温度(300~600 ℃)并保持一定时间(15~90 min)。

4. 反应结束后,待管式炉降至室温,关闭冷却水和氮气阀门。

5. 收集冷凝管和产品收集瓶中的热解油和水,收集石英管中的半焦,分别称量以上产物并计算收率。

五、注意事项

1. 实验过程中禁止触碰高温部件,防止烫伤。

2. 实验装置的温度充分冷却后,才能关闭氮气,取出样品,否则高温的半焦遇到空气容易燃烧。

3. 热解产生的气体应排入实验室废气处理装置,防止在室内积聚。

4. 对于附着于冷凝管和产品收集瓶壁的热解油,可以用脱脂棉擦拭收集后称重(脱脂棉的质量可以预先称量,计算收率时需要扣除)。

5. 热解时间自温度达到设定温度时开始计算。

六、数据记录与处理

1. 分别测定不同热解终温、原料粒径、升温速率和热解时间条件下热解产物的质量,然后计算各个条件下的收率,填入表 30-1~表 30-4。每个影响因素至少测定 4 个不同水平下的实验数据。注意:考察某个影响因素时,其他因素应该固定不变。

2. 根据实验数据分别绘制热解终温-收率图、原料粒径-收率图、升温速率-收率图和热解时间-收率图,分析各个影响因素对热解产物收率的影响规律,找到适宜的工艺条件。

表 30-1 不同热解终温的生物质热解实验记录表

升温速率=＿＿℃/min　　　　　　载气流量=＿＿ mL/min

原料粒径=＿＿目　　　　　　　　热解时间=＿＿ min

序号	热解终温/℃	质量/g			收率/%			
		半焦	热解油	水	半焦	热解油	水	气体产物
1								
2								
3								
4								

表 30-2　不同原料粒径的生物质热解实验记录表

升温速率＝＿＿＿℃/min　　　　载气流量＝＿＿＿ mL/min

热解终温＝＿＿＿℃　　　　　　热解时间＝＿＿＿ min

序号	原料粒径/目	质量/g			收率/%			
		半焦	热解油	水	半焦	热解油	水	气体产物
1								
2								
3								
4								

表 30-3　不同升温速率的生物质热解实验记录表

原料粒径＝＿＿＿目　　　　　　载气流量＝＿＿＿ mL/min

热解终温＝＿＿＿℃　　　　　　热解时间＝＿＿＿ min

序号	升温速率/(℃/min)	质量/g			收率/%			
		半焦	热解油	水	半焦	热解油	水	气体产物
1								
2								
3								
4								

表 30-4　不同热解时间的生物质热解实验记录表

原料粒径＝＿＿＿目　　　　　　载气流量＝＿＿＿ mL/min

热解终温＝＿＿＿℃　　　　　　升温速率＝＿＿＿℃/min

序号	热解时间/min	质量/g			收率/%			
		半焦	热解油	水	半焦	热解油	水	气体产物
1								
2								
3								
4								

七、思考题

1. 生物质热解产物中水的形成原因是什么?

2. 查阅资料,分析生物质热解的气体产物有哪些组分。

3. 生物质热解产物半焦有哪些潜在的应用?

4. 根据实验数据分析哪个影响因素对产物收率的影响最显著,有什么规律。

实验 31 高压催化氢化制备 1,3-环己二酮

一、实验目的

1. 掌握 1,3-环己二酮的合成原理和方法。
2. 了解氢化反应的原理和高压催化氢化技术及其应用。
3. 掌握高压釜的使用方法。

二、实验原理

催化氢化反应是指在催化剂的作用下氢分子加成到有机化合物的不饱和基团上的反应。几乎所有的不饱和基团(如烯基、炔基、苯基等)都可以加氢成为饱和基团。但是,这些基团的氢化反应对压力、温度、溶剂、催化剂种类及其用量等有一定要求。

1,3-环己二酮是一种重要的化工原料,是许多化工产品的中间体。1,3-环己二酮为无色固体,熔点为 $101 \sim 105$ ℃,溶于水、乙醇、丙酮、氯仿和热苯,微溶于乙醚和二硫化碳。本实验以间苯二酚为原料,通过加氢合成 1,3-环己二酮,其反应见式(31-1)。间苯二酚的苯环上有羟基存在,与苯相比,其加氢反应容易进行,可以雷尼镍为催化剂通过液相加氢制得 1,3-环己二酮。对于加氢反应,加压不仅可加快反应,有时还会提高反应的选择性和产率,所以本实验在高压釜中进行。

$$(31-1)$$

三、实验仪器与试剂

(一)实验仪器

实验所用仪器为高压釜(0.1 L)、电动搅拌器,以及三口烧瓶、烧杯、量筒等常规玻璃仪器。

(二)实验试剂

实验所用试剂为镍铝合金(化学纯)、间苯二酚(分析纯)、浓盐酸(分析纯)、氢氧化钠(分析纯)、无水乙醇(分析纯)、苯(分析纯)、氢气(钢瓶装)、氮气(钢瓶装)。

四、实验步骤

(一)雷尼镍的制备

1. 向装有电动搅拌器、冷凝器的 250 mL 三口烧瓶中加入 100 mL 蒸馏水,再加入 10 g 氢氧化钠,搅拌使之溶解。

2. 开启水浴加热,在 90~95 ℃ 条件下将 8 g 镍铝合金分批加入烧瓶。每次加少量,加料时须小心,防止冲料。加料完毕,继续搅拌 1 h。

3. 静置,使镍沉降,倾去上层液体,用蒸馏水(每次 60 mL)洗涤残留物,至洗涤液 pH 为 7~8,再用无水乙醇洗 3 次(每次 30 mL)。洗涤过程中,水或乙醇应始终没过催化剂。所得催化剂约 4 g,贮存于 30 mL 乙醇中,放在冰箱内备用。

(二)1,3-环己二酮的制备

1. 将 22 g 间苯二酚(0.2 mol)溶于 9.6 g 氢氧化钠(0.24 mol)和 34 mL 水配成的碱液中,转移至高压釜中,加入 4 g 步骤(一)中制备的雷尼镍。

2. 关闭高压釜,通入氮气至压力为 0.5 MPa,然后放气,置换出高压釜内的空气,如此反复 3 次。然后通入氢气至压力为 7 MPa。注意观察压力表读数,若 5 min 内压力不降低,说明高压釜密封良好。

3. 启动搅拌,开始加热,使温度维持在 50 ℃ 左右。待压力降至 6 MPa,再补充氢气至 7 MPa,如此反复,至氢气压力不再降低。

4. 反应结束后,停止加热。冷却至室温后,排出釜内的余气。

5. 打开高压釜,吸出物料,抽滤,除去物料中的催化剂(滤渣)。用浓盐酸酸化滤液,然后冷却至 0 ℃,析出晶体,过滤,滤渣即 1,3-环己二酮粗品。

6. 以热苯为溶剂,对 1,3-环己二酮粗品重结晶即得产品。

7. 取少量 1,3-环己二酮产品,测定其熔点。

五、注意事项

1. 实验前应该检查系统的气密性,防止氢气泄露,尾气管应保持通畅,防止氢气在室内积聚,发生危险。

2. 雷尼镍是多孔性金属粉末,接触空气即着火,故需贮存在无水乙醇中备用。

3. 为保证安全,高压釜的最大工作压力应不超过 20 MPa,高压釜应装有泄压或防爆装置。

六、数据记录与处理

记录产品的外观和熔点,将原料质量、产品质量填入表 31-1,并计算 1,3-环己二酮的收率。

表 31-1　高压催化氢化制备 1,3-环己二酮实验记录表

间苯二酚质量/g	氢氧化钠质量/g	产品外观	产物质量/g	熔点/℃	收率/%

七、思考题

1. 举例说明 1,3-环己二酮有哪些用途。

2. 除本实验中方法,合成 1,3-环己二酮还有哪些方法?

3. 由间苯二酚制备 1,3-环己二酮时,催化氢化对所用氢气压力和反应温度有什么要求? 为什么?

4. 根据反应物用量和高压釜容积估算反应后氢气压力可能降低多少。

5. 如何证明所制得的产品为 1,3-环己二酮?

6. 苯的毒性较大,请查阅文献给出其他可以用于 1,3-环己二酮粗品重结晶的溶剂。

工业催化实验

实验 32　γ-氧化铝催化剂的制备

一、实验目的

1. 掌握沉淀法制备 γ-氧化铝催化剂的原理和方法。
2. 初步了解氧化铝晶型与其形成条件之间的关系。
3. 了解 γ-氧化铝催化剂的应用。

二、实验原理

氧化铝(Al_2O_3)在石油、化工和环境保护等领域有重要的作用,可直接作为催化剂,也可作为催化剂的载体和吸附剂。目前已知氧化铝共有 8 种晶型,分别为 α-Al_2O_3、κ-Al_2O_3、δ-Al_2O_3、γ-Al_2O_3、η-Al_2O_3、χ-Al_2O_3、θ-Al_2O_3 和 ρ-Al_2O_3。其中,γ-Al_2O_3 具有较大的比表面积、适宜的孔结构,拥有较好的催化活性,故又被称为活性氧化铝。γ-Al_2O_3 用作载体时,除可以起到分散和稳定活性组分的作用外,还可提供酸、碱活性中心,与催化活性组分发挥协同作用。

氧化铝的各种晶型都是氧化铝水合物转化得来的(一般要经过脱水)。氧化铝水合物的化学组成为 $Al_2O_3 \cdot nH_2O$,有多种变体,通常按所含结晶水数目分为三水氧化铝($Al_2O_3 \cdot 3H_2O$)及一水氧化铝($Al_2O_3 \cdot H_2O$)。由于氧化铝水合物有不同制造方法,活性氧化铝的制备方法也各有不同。

本实验采用沉淀法:用沉淀剂将可溶的金属盐类转化为难溶化合物,再经分离、洗涤、干燥、成型、焙烧等工序制得成品催化剂。

根据使用的原料和沉淀剂,沉淀法制备氧化铝水合物可分为酸中和法和碱中和法。酸中和法是以酸或二氧化碳气体作为沉淀剂,使偏铝酸盐转化成氧化铝水合物:

$$AlO_2^- + H^+ \longrightarrow Al_2O_3 \cdot nH_2O \downarrow \tag{32-1}$$

碱中和法是用碱($NaOH$、KOH、NH_4OH 或 Na_2CO_3)中和 $Al(NO_3)_3$、$AlCl_3$ 或 $Al_2(SO_4)_3$ 等铝盐,得到氧化铝水合物:

$$Al^{3+} + OH^- \longrightarrow Al_2O_3 \cdot nH_2O \downarrow \qquad (32\text{-}2)$$

本实验采用酸中和法:利用偏铝酸钠溶液和酸发生中和反应,得到氧化铝水合物沉淀,经过滤、洗涤、干燥、粉碎、成型、焙烧活化得到成品活性氧化铝。

沉淀作用是沉淀法制备催化剂的第一步,也是最重要的一步,可给予催化剂基本的催化属性,对所得催化剂的活性、寿命和强度有很大影响。

沉淀过程是一个复杂的化学反应过程。当金属盐类水溶液与沉淀剂作用,形成沉淀的离子浓度乘积大于该条件下的溶度积时产生沉淀。要得到结构良好且纯净的沉淀,必须了解沉淀形成的过程和沉淀的性状。沉淀的形成包括两个阶段,一是晶核的生成,二是晶核的长大。晶核生成速率与晶核长大速率的相对大小直接影响沉淀的类型。如果晶核生成速率远大于晶核长大速率,则离子很快聚集为大量晶核,溶液的过饱和度迅速下降,溶液中没有足够多的离子聚集到晶核上,于是形成细小的无定形颗粒,得到非晶形沉淀甚至胶体。如果晶核长大速率远大于晶核生成速率,则溶液中最初形成的晶核不是很多,有较多的离子以晶核为中心依次排列,形成颗粒较大的晶形沉淀。在实验过程中,影响沉淀过程的因素较多,包括溶液浓度、沉淀温度、溶液 pH 和加料顺序等。由于晶形沉淀带入杂质少且便于过滤和洗涤,因此制备沉淀的过程中一般要调控实验条件以获得晶形沉淀。

沉淀生成后的操作(如老化和焙烧等)也会影响催化剂的结构与性能。

①老化。沉淀反应结束后,沉淀与母液还要在一定条件下接触一段时间,在此期间发生的不可逆变化称为老化。由于细小晶体的溶解度较粗大晶体的溶解度大,溶液对粗大晶体已达饱和状态,而对细小晶体尚未饱和,于是细小晶体逐渐溶解并沉积在粗大晶体上。如此反复溶解、反复沉积,基本可消除细小晶体,获得颗粒大小较为均匀的粗大晶体。此时,沉淀的孔隙结构和表面积也发生相应的变化。而且,由于粗大晶体表面积较小,吸附杂质少(吸留在细小晶体之中的杂质随溶解过程转入溶液),初生的沉淀不一定具有稳定的结构,与母液在高温下一起放置一段时间,沉淀的结构将会逐渐稳定。新鲜的无定形沉淀在老化过程中逐步晶化也是有可能的。

②焙烧。焙烧是使催化剂具有活性的重要步骤,过程中既发生化学变化,也发生物理变化。干燥后的沉淀通常为水合氧化物(氢氧化物)或可热分解的碳酸盐、铵盐等。一般来说,此时的沉淀既未达到催化剂所要求的化学状态,也未具备适宜的物理结构,没有形成活性中心,无催化作用,处于催化剂的钝态。进一步焙烧或再进一步还原处理,使之具有所要求的化学价态、相结构、比表面积和孔结构,并具有一定数量、一定性质的活性中心,催化剂便由钝态转变为活泼态。催化剂的这一转变过程称为活化。

在本实验中,通过焙烧氧化铝水合物可以获得具有催化活性的 γ-Al_2O_3。制备 γ-Al_2O_3 比较适宜的焙烧温度是 450~550 ℃。需要指出的是,焙烧温度并非越高越好,焙烧温度过高会造成烧结,使催化剂活性下降,γ-Al_2O_3 甚至可能向其他类型(β-Al_2O_3,θ-Al_2O_3 或 α-Al_2O_3)转变,导致催化剂失效。

三、实验仪器与试剂

(一)实验仪器

实验所用仪器为恒温水浴锅、搅拌器、循环水真空泵、电导率仪、箱式高温炉、鼓风式恒温干燥箱、电子分析天平等。

(二)实验试剂

实验所用试剂为偏铝酸钠(分析纯)、浓盐酸(分析纯)和去离子水等。

四、实验步骤

1. 配制 200 mL 盐酸溶液(浓盐酸、去离子水的体积比为 1∶5)。

2. 称取 8 g 偏铝酸钠,加入 150 mL 去离子水,使之完全溶解,如有不溶物可适当加热并搅拌。

3. 将步骤 2 配制的偏铝酸钠溶液置于 70 ℃恒温水浴中。搅拌,向其中缓慢滴加步骤 1 中配制的盐酸溶液,控制滴加速度为 10 s 一滴。溶液 pH 为 8.5~9 时,即可停止滴加(约需 55 mL 盐酸溶液),继续搅拌 5 min。

4. 将沉淀和母液置于 70 ℃水浴中,静置老化 0.5 h。

5. 过滤,洗涤沉淀,直至溶液中无 Cl^-(滤液电导在 50 Ω^{-1} 以下),即获得氧化铝水合物沉淀。

6. 将沉淀置于鼓风式恒温干燥箱中,120 ℃烘干(一般需 8 h 以上)。

7. 将烘干的沉淀物置于箱式高温炉中,450~550 ℃焙烧 2 h,即得 γ-Al_2O_3。

8. 称量所得 γ-Al_2O_3 的质量。

五、注意事项

1. 使用箱式高温炉过程中应做好个人防护,防止烫伤。

2. 在沉淀制备过程中,如果没有严格控制实验条件,可能会生成无定形沉淀,导致过滤困难。

六、数据记录与处理

将主要实验条件和试剂用量填入表 32-1,计算 γ-Al_2O_3 的收率。

表 32-1　γ-Al₂O₃ 催化剂的制备实验记录表

偏铝酸钠 用量/g	盐酸溶液 用量/mL	沉淀操作 温度/℃	沉淀操作 pH	老化 时间/h	焙烧 温度/℃	γ-Al₂O₃ 收率/%

七、思考题

1. 沉淀法制备催化剂的原理是什么？

2. 影响沉淀形成的因素有哪些？

3. 影响氧化铝晶型的因素有哪些？

4. 老化的作用是什么？

5. 焙烧的作用是什么？

6. 分析可能造成 γ-Al₂O₃ 损失的原因。

实验 33　金属/氧化铝催化剂的制备

一、实验目的

1. 了解 Ni、Fe、Cu 等多相催化剂在不同领域的应用。
2. 掌握浸渍法制备负载型催化剂的基本原理和方法。
3. 熟练掌握利用等体积浸渍法制备负载型催化剂的方法。
4. 掌握利用多次浸渍法制备负载型催化剂的方法。
5. 掌握负载型催化剂负载量的计算方法。

二、实验原理

催化剂的性能(活性、选择性和稳定性)不仅取决于催化剂的组成及各组分含量,而且与其制备方法密切相关。制备催化剂的方法有沉淀法(包括共沉淀法)、溶胶-凝胶法、浸渍法、离子交换法、机械混合法、熔融法和其他特殊制备方法。

负载型催化剂是指将活性组分、助催化剂组分负载于载体上制得的催化剂。浸渍法是制备负载型金属催化剂的常用方法。一般将载体浸入金属盐(硝酸盐、乙酸盐、氯化物、乳酸盐等)溶液,反应一段时间后排掉多余液体,经烘干、焙烧和活化等步骤后获得催化剂。该方法所制备的催化剂的催化性能不仅与负载的金属种类、含量有关,而且多数情况下还与其在载体上的分散度及载体的性质有关。

浸渍法可分为过量浸渍法、等体积浸渍法、多次浸渍法和蒸气浸渍法等。①过量浸渍法是将载体浸入过量的浸渍溶液,待吸附平衡后滤去过剩溶液,干燥、活化后得到催化剂成品。②等体积浸渍法要预先测定载体吸入溶液的能力,然后加入恰好使载体完全浸渍所需的溶液量。应用这种方法可以省去过滤多余溶液的步骤,而且便于控制催化剂中活性组分的含量。③多次浸渍法需要反复进行数次浸渍、干燥、焙烧。一般在以下两种情况下使用此方法:第一种情况是浸渍化合物的溶解度小,一次浸渍不能吸附足够多的溶液,需要多次浸渍。第二种情况是多组分溶液浸渍,由于各组分的吸附能力不同,吸附能力强的活性组分浓集于孔口,而吸附能力弱的组分分布在孔内,各组分分布不均。针对这种情况,改进方法之一就是用多次浸渍法,按顺序浸渍各组分溶液。每次浸渍后,必须进行干燥和焙烧,使其转化为不溶性物质,防止已经吸附至载体上的化合物在下次浸渍时又溶解到溶液中,同时也可以提高下一次浸渍时载体的吸入量。④蒸气浸渍法是借助浸渍化合物的挥发性以蒸气的形式将其负载于载体上。

需要注意的是,在浸渍过程中,如载体孔隙吸附大量空气,会使浸渍溶液不能完全渗入。因此,可以先进行抽空,使活性组分更易渗入孔内。这种方法常用于已成型的大颗粒载体的浸渍,也可用于多组分的分段浸渍。

浸渍完成后还需要通过烘干、焙烧与活化等步骤,使负载在载体上的金属盐转化为相应的活性组分。某些负载型催化剂还需要用氢气还原,使氧化物进一步转化为金属单质,这一操作通常在催化剂装入反应器后进行。负载型催化剂中的金属活性组分以高度分散的形式分布于高熔点的载体上。在焙烧过程中,这类催化剂活性组分的比表面积会发生变化。在焙烧和活化过程中,温度应该严格控制在适宜的范围内,防止温度过高使催化剂烧结。

本实验为设计型实验,以 $\gamma\text{-}Al_2O_3$ 为载体,采用等体积浸渍法或多次浸渍法,制备以 Ni、Fe、Cu 的氧化物为活性组分的负载型催化剂(可在反应器内通过氢气还原获得以金属单质为活性组分的负载型催化剂),具体的浸渍流程、浸渍量、焙烧温度和焙烧时间等条件可通过查阅文献资料自主设计。

三、实验仪器与试剂

(一)实验仪器

实验所用仪器为瓷坩埚、烧杯、玻璃棒、移液管、分析天平、烘箱、箱式高温炉。

(二)实验材料与试剂

实验所用材料与试剂为 $\gamma\text{-}Al_2O_3$(制备方法参考实验 32)、硝酸镍(分析纯)、硝酸铁(分析纯)、硝酸铜(分析纯)、去离子水等。

四、实验步骤

下面以等体积浸渍法制备 $Ni/\gamma\text{-}Al_2O_3$ 为例,介绍具体实验步骤。

1. 确定所制备的催化剂及相应活性组分的负载量。

2. 称取 1 g $\gamma\text{-}Al_2O_3$,置于烧杯中,然后用滴管滴加去离子水,至 $\gamma\text{-}Al_2O_3$ 表面刚好有水析出,再次称量,两次质量差即每克 $\gamma\text{-}Al_2O_3$ 的最大吸水量。

3. 根据所负载 Ni 元素的量,用天平称取相应质量的 $Ni(NO_3)_2 \cdot 6H_2O$ 置于烧杯中,加适量去离子水溶解,每克 $\gamma\text{-}Al_2O_3$ 所需去离子水的质量为 $\gamma\text{-}Al_2O_3$ 的最大吸水量减去 $Ni(NO_3)_2 \cdot 6H_2O$ 代入的结晶水的质量。

4. 将相应质量的 $\gamma\text{-}Al_2O_3$ 加入盛有 $Ni(NO_3)_2$ 水溶液的烧杯,室温浸渍 4 h。

5. 将浸渍好的催化剂前驱体置于烘箱中,120 ℃干燥(注意适时搅拌翻动)。

6. 查阅文献,根据硝酸盐的分解温度以及催化剂载体等条件确定催化剂焙烧温度,并在该温度下焙烧 4～10 h,即得成品催化剂。

若采用多次浸渍法,须先确定每次浸渍量,然后重复步骤 3～5。

五、注意事项

1.浸渍溶液的浓度须适宜。溶液过浓时,不易渗透粒状催化剂的微孔,活性组分在载体上也就分布不均。制备金属负载催化剂时,用高浓度浸渍溶液容易得到较粗的金属晶粒,且金属晶粒的粒径分布变宽。溶液过稀时,一次浸渍达不到所要求的负载量,需要采用多次浸渍法。

2.为减少干燥过程中溶质的迁移,常采用快速干燥法,使溶质迅速析出,有时亦可采用稀溶液多次浸渍法来解决这一问题。

3.使用箱式高温炉过程中应做好个人防护,防止烫伤。

六、数据记录与处理

1.将催化剂的制备条件填入表 33-1。

表 33-1　金属/氧化铝催化剂制备实验记录表

活性组分	载体质量/g	金属盐			浸渍次数	焙烧		负载量/%
		质量/g	溶液浓度/%	溶液体积/mL		温度/℃	时间/h	

2.根据式(33-1)计算负载型催化剂中金属元素的负载量 ω。

$$\omega = \frac{m_a}{m_a + m_c} \times 100\% \tag{33-1}$$

式中:ω——金属元素的负载量,%;

　　m_a——金属元素的质量,g;

　　m_c——载体的质量,g。

七、思考题

1.负载型催化剂由哪些组分构成? 各组分的作用是什么?

2.多次浸渍的目的是什么?

3.为增大负载量,可以采取哪些手段?

4.采用浸渍法制备负载型催化剂时,浸渍时间与负载量之间有何关系? 催化剂的负载量与其比表面积有何关系?

5.如何确定负载型催化剂的最佳焙烧温度?

实验 34 非均相芬顿体系催化降解亚甲基蓝

一、实验目的

1. 掌握 $Fe_2O_3/\gamma\text{-}Al_2O_3$ 和 $CuO/\gamma\text{-}Al_2O_3$ 催化剂催化过氧化氢降解亚甲基蓝的作用机理。

2. 了解多相催化的概念和多相催化的优缺点。

3. 熟悉分光光度计的原理和使用方法。

二、实验原理

高速发展的国民经济带动化工、制药、食品以及造纸等行业快速发展的同时也给环境带来了很大的压力,废水排放问题就是其中之一。有机废水是一种常见的废水类型,常规的物理化学和生物化学处理方法难以满足此类废水对净化处理的要求,因此,开发处理难降解有机废水的技术已成为国内外现阶段亟待解决的难题。

目前,对有机废水的处理方法有物理法、生物法和化学法。化学法中高级氧化法是处理有机废水的常见工艺。传统芬顿氧化法是高级氧化法中的一种,需要利用硫酸亚铁和过氧化氢按照一定比例混合得到的均相芬顿体系。该体系能产生具有强氧化性的羟基自由基($\cdot OH$),羟基自由基对有机废水有降解作用,但后期不易分离,会造成二次污染。类芬顿氧化法克服了传统芬顿氧化法的缺点,该方法将金属元素作为活性组分,负载在一些具有高比表面积的载体(如 Al_2O_3、活性炭等)上,制成负载型催化剂,再与过氧化氢构成非均相芬顿体系。与均相芬顿体系相比,非均相芬顿体系在有机废水处理后期更易分离。目前认为其基本原理如下:

$$H_2O_2 + \overset{Fe^{3+}}{\bigcirc} \longrightarrow \overset{Fe^{2+}}{\bigcirc} + HO_2^{\cdot} + H^+ \tag{34-1}$$

$$H_2O_2 + \overset{Fe^{2+}}{\bigcirc} \longrightarrow \overset{Fe^{3+}}{\bigcirc} + {}^{\cdot}OH + OH^- \tag{34-2}$$

与其他氧化剂相比,上述体系中产生的羟基自由基有更强的氧化性。例如,臭氧的氧化电势为 2.07 V,高锰酸钾的氧化电势为 1.67 V,而羟基自由基的氧化电势为 2.33 V。因此,在水溶液中,羟基自由基可使有机物降解,并最终生成二氧化碳和水。

$$有机污染物 + {}^{\cdot}OH \longrightarrow \cdots\cdots \longrightarrow CO_2 + H_2O \tag{34-3}$$

本实验用亚甲基蓝水溶液模拟有机废水,以 $Fe_2O_3/\gamma\text{-}Al_2O_3$ 或 $CuO/\gamma\text{-}Al_2O_3$ 为催化剂,与过氧化氢构成非均相芬顿体系,以亚甲基蓝降解率为指标,评价催化剂的性能。亚甲基蓝降解率的计算式如下:

$$Y_D = \frac{c_0 - c_i}{c_0} \times 100\% \tag{34-4}$$

式中:Y_D——亚甲基蓝降解率,%;

　　c_0——亚甲基蓝水溶液的初始浓度,mg/L;

　　c_i——降解后亚甲基蓝水溶液的浓度,mg/L。

三、实验仪器与试剂

（一）实验仪器

实验所用仪器为分光光度计、磁力搅拌器、恒温水浴以及三口烧瓶、玻璃棒和胶头滴管等常规玻璃仪器。

（二）实验材料与试剂

实验所用材料与试剂为 $Fe_2O_3/\gamma\text{-}Al_2O_3$ 和 $CuO/\gamma\text{-}Al_2O_3$（实验 33 制得的催化剂）、亚甲基蓝（分析纯）、过氧化氢（30%）等。

四、实验步骤

1.配制不同浓度的亚甲基蓝标准溶液（不少于 6 组）,并测定其吸光度,绘制标准曲线。

2.配制 1 L 浓度为 10 mg/L 的亚甲基蓝水溶液。

3.称取 0.5 g 催化剂,置于三口烧瓶中,加入 50 mL 步骤 2 中配置的亚甲基蓝水溶液,加入 1 mL 30% 过氧化氢,控制水浴温度为 30 ℃,开启磁力搅拌器。

4.搅拌反应 0.5 h 后,停止反应,取上清液测其吸光度,并根据标准曲线计算出亚甲基蓝水溶液降解前后的浓度。

五、注意事项

过氧化氢具有较强的氧化性,使用过氧化氢时应做好个人防护,避免与皮肤接触。

六、数据记录与处理

1.将配制的亚甲基蓝标准溶液浓度和吸光度填入表 34-1。

2.将催化降解前后亚甲基蓝溶液的浓度填入表 34-2,并计算亚甲基蓝的降解率。

表 34-1　亚甲基蓝标准溶液浓度与吸光度

序号	1	2	3	4	5	6
浓度/(mg/L)						
吸光度						

表 34-2　亚甲基蓝催化降解实验记录表

催化剂	降解前		降解后		亚甲基蓝降解率/%
	吸光度	浓度/(mg/L)	吸光度	浓度/(mg/L)	

七、思考题

1. 非均相芬顿体系催化降解有机污染物的原理是什么？

2. 与均相芬顿体系相比，非均相芬顿体系降解有机废水有哪些优点？

3. 当反应时间无限长时，亚甲基蓝能否被完全降解？为什么？

4. 如果将亚甲基蓝换成其他有机物，能否利用该催化体系降解？为什么？

5. 除有机物降解率，还可以用哪些指标评价污水中有机物的降解效果？

实验 35　金属硫化物催化剂的制备及其催化加氢脱硫性能研究

一、实验目的

1. 了解金属硫化物催化剂在不同领域的应用。
2. 掌握金属硫化物催化剂的制备原理和方法。
3. 掌握重油催化加氢脱硫的原理和方法。
4. 了解重油中硫含量的测定方法。

二、实验原理

石油原油和煤液化粗油都含有一定量的硫,在对原油进行加工处理之前,需要将硫含量降至一定水平,否则容易使后续加工过程的催化剂中毒,且含硫油品燃烧会污染大气。这些油品中的硫是以化合态存在的,如硫醇、硫醚、噻吩以及二硫化物等硫化物。其中,噻吩及其类似物的结构稳定,若要脱除此类硫化物,需要加氢脱硫(hydrodesulfurization,HDS)。

金属硫化物属于半导体型化合物,具有氧化还原功能和酸碱功能,Fe、Mo、W、Ni 等金属的硫化物具有加氢、异构和氢解等催化活性,是常用的加氢脱硫催化剂,还具有加氢脱氮和加氢脱金属的功能。催化加氢脱硫过程是先催化加氢使硫化物与 H_2 反应生成 H_2S,脱出的 H_2S 再经氧化生成单质硫被回收。一般认为,金属硫化物催化剂加氢脱硫机理是:H_2 吸附于催化剂表面(化学吸附),吸附态的氢与催化剂表面的硫化物反应,先生成 H_2S 和一个阴离子空位,然后有机硫化物吸附于催化剂表面,使催化剂表面再硫化。

本实验以 γ-Al_2O_3 为载体,制备以 Ni 或 Mo 为活性组分的金属硫化物催化剂,然后将该催化剂用于重油加氢。硫化物催化剂一般由氧化物前驱体先经高温焙烧形成所需的形态和结构,再在 H_2 气氛下硫化而成。硫化过程可在还原之后进行,也可用含硫的还原气体边还原边硫化。还原与硫化过程中,控制步骤为还原。因为高价氧化物结构稳定,氧与硫直接交换较难,而还原时氧化物会产生氧空位,便于硫原子的插入。常用的硫化剂有 H_2S 和 CS_2。H_2S 的活性较高,但其为气体且毒性较高;CS_2 为液体,便于运输、贮存,更常用于制备硫化物催化剂。采用 CS_2 作为硫化剂时,要同时通入 H_2 或 H_2O,以便生成 H_2S。此过程中,新生成的 H_2S 活性更高,可得到高硫化度的催化剂。硫化后催化剂硫含量越高,催化活性越强。催化剂的硫化度与硫化温度控制、原料气中硫含量(或外加硫化剂的量)有关。若使用过程中因硫流失导致催化剂活性下降,一般需要重新硫化。

三、实验装置与试剂

(一)实验装置

催化剂制备实验装置如图 35-1 所示。重油加氢脱硫实验装置如图 21-3 所示。

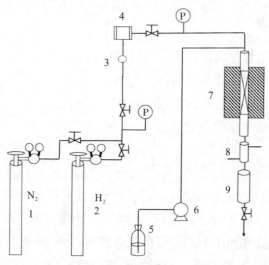

1—N₂ 钢瓶;2—H₂ 钢瓶;3—管路过滤器;4—流量计;5—CS₂ 储液瓶;
6—微量泵;7—固定床反应器和加热炉;8—冷凝器;9—气液分离器。

图 35-1　催化剂制备实验装置示意图

(二)实验材料与试剂

实验所用材料与试剂为石油重油或煤直接液化油、CS_2（分析纯）、H_2（钢瓶装）和 N_2（钢瓶装）。

实验所用催化剂前驱体为 $NiO/\gamma\text{-}Al_2O_3$ 或 $MoO_3/\gamma\text{-}Al_2O_3$，Ni 和 Mo 的负载量（质量分数）分别为 15％和 5％，具体制备方法可以参考实验 33。硫化物催化剂可以是单组分形式，也可以是复合硫化物形式。若制备复合硫化物催化剂，则须先制备含有两种活性组分的催化剂前驱体。

四、实验步骤

(一)金属硫化物催化剂制备

1. 称取 1～2 g 催化剂前驱体，装入管式固定床反应器，用 N_2 置换系统 15 min。

2. 打开 H_2 阀门，向固定床反应器中通入 H_2，调节 H_2 流量为 50 mL/min，同时开始给固定床加热。

3. 当固定床温度升至 100 ℃时，用微量泵注入 CS_2（0.02 mL/min），温度升至 400 ℃后保持 2 h。然后关闭微量泵，停止注入 CS_2，再用 H_2 吹扫 1 h。

4. 待固定床温度降至室温，将 H_2 切换为 N_2，钝化 7 h，即得金属硫化物催化剂。

（二）重油加氢脱硫

1.在高压釜中装入 5 g 重油和 0.5 g 步骤（一）制备的催化剂，密封高压釜。

2.先用 N_2 置换高压釜 3~4 次，再用 H_2 置换高压釜 3~4 次，然后充入 H_2，使釜内压力达到 5 MPa。

3.高压釜升温至 400 ℃，反应 1 h。

4.反应结束后停止加热，待高压釜冷却至室温，放出其内气体。打开高压釜，取出油品用于产品检测。

（三）硫含量测定

采用库伦测硫仪或元素分析仪测定加氢脱硫前后油品中硫的含量。

五、注意事项

1.加氢脱硫实验前应检查高压釜的气密性。

2.为保证实验安全，高压釜应该装有防爆片或泄压阀。

3.H_2 为易燃易爆气体，加氢脱硫过程中产生的 H_2S 有毒，所以置换高压釜和加氢实验产生的废气应该经实验室废气处理装置处理后排至室外。

六、数据记录与处理

1.将重油加氢脱硫前后的硫含量填入表 35-1。

表 35-1　重油加氢脱硫实验记录表

序号	催化剂	初始硫含量/%	加氢脱硫后硫含量/%	脱硫率/%
1				
2				

2.根据式（35-1）计算脱硫率 S_D 并填入表 35-1。

$$S_D = \frac{S_0 - S_i}{S_0} \times 100\%$$ (35-1)

式中：S_0——初始硫含量，%；

　　S_i——加氢脱硫后硫含量，%。

七、思考题

1.金属硫化物催化剂有哪些用途？

2.油品中的硫有哪些危害？

3.金属硫化物催化加氢脱硫的原理是什么？

4.重油中的硫是以何种形式存在的？

5.制备金属硫化物催化剂的硫化剂有哪些？各有何优缺点？

实验 36 催化剂的 X 射线衍射分析

一、实验目的

1. 了解 X 射线衍射仪的基本结构和工作原理。
2. 初步掌握 X 射线衍射仪的使用方法。
3. 掌握利用 X 射线衍射仪对催化剂进行物相分析的基本原理和方法。

二、实验原理

X 射线是一种频率高、波长短、能量高的电磁波,由物理学家伦琴于 1895 年发现,其波长范围为 0.001~10 nm,X 射线衍射分析常用波长为 0.05~0.25 nm 的 X 射线。利用一定能量的电子、质子或光子等轰击样品,可产生 X 射线。

晶体物质的原子间距与 X 射线波长近似相等,能够衍射 X 射线,是 X 射线衍射仪进行物相分析的基础。X 射线发生器产生的特征 X 射线由阳极靶材(如 Cu 靶)决定。X 射线入射到晶体上会产生衍射,衍射方向与晶体的晶胞大小和形状有函数关系。只有满足布拉格方程即式(36-1),才能发生相互加强的衍射。

$$n\lambda = 2d\sin\theta \tag{36-1}$$

式中:n——衍射级数;

λ——入射 X 射线波长;

d——晶面间距;

θ——X 射线入射线与晶面间的夹角。

每一种晶体物质都有独特的化学组成和晶体结构。没有任何两种物质的晶胞大小、质点种类及其在晶胞中的排列方式是完全一致的。因此,当 X 射线被晶体衍射时,每一种晶体物质都会产生独特的衍射花样,它们的特征可以用晶面间距 d 和反射线的相对强度 I/I_0 来表征。其中,晶面间距 d 与晶胞的形状和大小有关,反射线的相对强度则与质点的种类及其在晶胞中的位置有关。因此,任何一种晶体物质的衍射数据 d 和 I/I_0 都是其晶体结构的必然反映,可视为晶体的指纹数据,可用于鉴别晶体物质的物相。

X 射线衍射数据分析需要借助粉末衍射文件(powder diffraction file,PDF)卡片。PDF 卡片是用 X 射线衍射法准确测定晶体结构已知物相的 d 值和 I 值,将 d 值和 I/I_0 值及其他有关资料汇集而成的标准数据卡片。将所测得的未知物相的衍射谱与 PDF 卡片中的已知晶体结构物相的标准数据对比,即可确定物相。随着电子计算技术的发展,现在我们可以利用一些专业的软件来分析 X 射线衍射数据,大大减轻数据分析的工作量。

三、实验装置与材料

(一)实验装置

X 射线衍射仪通常由 X 射线发生器、测角仪、检测器以及记录、处理和操作控制系统四部分组成,其基本结构如图 36-1 所示。

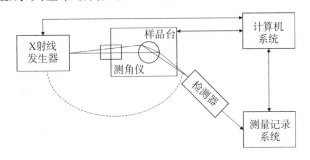

图 36-1　X 射线衍射仪结构示意图

(二)实验材料

实验所用材料为实验 32、实验 33、实验 35 或其他实验制得的催化剂。

四、实验步骤

(一)样品制备

制备符合要求的样品,是 X 射线衍射分析实验中的重要环节。样品通常制成平板状。衍射仪均附有表面平整光滑的玻璃或铝质样品板,板上开有窗孔或不穿透的凹槽,可将样品放入其中进行测定。

1.粉末样品的制备。用玛瑙研钵将被测试样研磨成粒径约 10 μm 的细粉;取适量研磨好的细粉填入样品板凹槽,并用平整光滑的玻璃板将其压紧;将槽外粉末或高出样品板面的多余粉末刮去,重新压平,使样品表面与样品板面平齐。若使用带有窗孔的样品板,则须将样品板放在一块表面平整光滑的玻璃板上,再将粉末填入窗孔,捣实压紧。注意:测试时,应使贴玻璃板的一面正对入射 X 射线。

2.特殊样品的制备。对于金属、陶瓷、玻璃等不易研磨成粉末的样品,可先将其锯成窗孔大小,磨平一面,再用石蜡将其固定于窗孔内。对于片状、纤维状或薄膜状样品,也可取窗孔大小的样品,将其直接嵌固于窗孔内。但样品的平整表面必须与样品板平齐,正对入射 X 射线。

(二)测量参数选择

1.狭缝宽度。狭缝宽度大时,可提高衍射强度,但会降低分辨率;狭缝宽度小时,可提高分辨率,但会损失衍射强度。需要高衍射强度时,宜选宽度大的狭缝;

需要高分辨时,宜选宽度小的狭缝。一般而言,入射狭缝与接收狭缝宜保持一致。

2.时间常数。时间常数大,脉冲响应慢,对脉冲电流具有较强的平整作用,不易分辨电流随时间变化的细节;时间常数过大还会引起线形不对称,使线的后半部分被拉宽。时间常数小,易分辨电流随时间变化的细节,易分辨弱峰,衍射线形和衍射强度更加真实。

3.扫描速度。连续扫描中采用的扫描速度是指计数器转动的角速度。慢速扫描时,计数器在衍射角度范围内停留的时间较长,接收的脉冲数较多,衍射数据更加可靠,不足之处是需要花费较长时间。精细测量应采用慢速扫描,物相的预检或常规定性分析可采用快速扫描。在实际应用中,可根据测量需要选用不同的扫描速度。

除此之外,管电流、管电压等参数也需要设置。实验过程中,应根据不同的分析目的合理设置各种参数。

(三)样品测量

1.开机操作。打开控制 X 射线衍射仪的电脑,开启低压开关,开冷却水,然后开启高压开关,打开控制设备的软件。

2.样品测试。在控制软件中设置扫描方式、管电压、管电流、扫描速度等测试条件,然后安放好样品,开始测试。测试完毕,将数据存盘。

3.停机操作。首先在控制软件中关闭高压开关,15 min 后关闭循环水泵,然后关闭控制软件,最后关闭线路总电源。

(四)物相定性分析

1.单相鉴定。获得某一晶体物质的衍射数据 d 和 I/I_0 之后,可根据这些数据查找索引和 PDF 卡片,并将测定的衍射数据与卡片上的衍射数据一一对照。若数据全部吻合,说明未知物相就是卡片上所列物相。

2.混合物相鉴定。混合物相的衍射花样为其中各个单一物相衍射花样的叠加。因此,对于一个未知混合物相的鉴定,无论使用哪一种索引[哈那瓦特(Hanawalt)索引或芬克(Fink)索引],都应先选出若干强线进行适当组合,再查找索引。一种物相鉴定出来后,应从混合物相的原始数据中去掉其数据,再根据剩余数据,按上述方法查找鉴定其他物相。有的衍射线可能是不同物相的重叠线,在扣除已鉴定物相的强度后,仍可用于鉴定混合物相中其他物相。

3.标准衍射谱图对比鉴定。近年来,随着材料科学的发展,为满足定性物分析的需要,已经出现了很多物相的标准衍射谱图。对被测物衍射谱图与标准衍射谱图进行直接对比是一种直接简便的方法。对于科研工作中出现的新材料,可以自行制作标准衍射谱图,以供对比分析使用。

五、注意事项

混合物相定性分析应注意以下几点：

1. d 值比 I/I_0 值重要。实验数据与标准数据的 d 值必须很接近或相等，其相对误差应在 1% 以内。

2. 低角度线比高角度线重要。这是因为，对于不同晶体，低角度线的 d 值重叠的概率小，而高角度线相互重叠的概率大。当使用波长较长的 X 射线时，一些 d 值较小的线不再出现，但低角度线总是存在。若样品过细或结晶不良，高角度线可能缺失，所以在对比衍射数据时，应重点关注低角度线即 d 值大的线。

3. 强线比弱线重要。要重视 d 值大的强线，因为强线稳定且易精确测得。弱线强度低，不易分辨，难以判断其准确位置，有时还容易缺失。

需要指出的是，在进行混合物相分析前，应充分了解样品的来源、化学成分、制备工艺及其他测试分析资料，对试样中的可能物相作出估计，这样就可以预先按索引找出一些可能物相的卡片进行直接对比，对易于鉴定的物相先作出鉴定，对余下未鉴定的物相查 Hanawalt 索引或 Fink 索引进行鉴定，这样可降低分析难度，加快分析速度。

六、数据记录与处理

1. 选取几种催化剂，分别进行 X 射线衍射分析，获得相应衍射谱图。

2. 记录每次测量的实验条件（如狭缝宽度、管电流、管电压、扫描速度等），分析实验条件对衍射线形的影响。

3. 鉴定催化剂的物相，并对其晶粒大小进行分析。

七、思考题

1. X 射线衍射仪进行物相分析的原理是什么？

2. 除 X 射线衍射技术外，X 射线还有哪些应用？

3. X 射线衍射仪可以分析哪些形态的样品？

4. 在混合物相定性分析过程中，应注意哪些问题？

实验 37 热重法确定催化剂焙烧温度

一、实验目的

1. 了解热重法的原理和仪器装置。

2. 了解热重法在催化剂制备及性能表征中的应用。

3. 掌握热重法确定催化剂焙烧温度的基本原理和方法。

4. 掌握热重曲线的定性和定量解析方法。

二、实验原理

热重法（thermogravimetry，TG）是测量物质质量随温度变化的一种实验技术，一般有静态法和动态法两种类型：①静态法在恒温下测定物质质量变化与温度的关系，在各给定温度将试样加热至恒重，用于研究固相物质热分解的反应速率和测定反应速度常数。②动态法在程序升温下采用连续升温连续称重的方式测定物质质量变化与温度的关系。

本实验采用的是动态法，记录的质量变化与温度的关系曲线称为热重曲线（TG 曲线）。TG 曲线表示过程的失重累积量，属于积分曲线。其横轴为温度（或时间），从左到右表示增加，在动力学分析中采用热力学温度；纵轴为质量，从上向下表示减少，以余重（实际称重，mg）或剩余百分数（%）表示。为更直观地分析热失重过程，可以采用微商热重法（derivative thermogravimetry，DTG），在程序升温模式下测定样品质量变化速率随温度（或时间）变化的情况。DTG 曲线的纵轴为质量变化速率，向下表示减小，所以峰应朝下。

典型的 TG 曲线和 DTG 曲线如图 37-1 所示。图中 B 点对应的温度为起始温度（T_0），即累积质量变化达到热天平可检测的温度；C 点对应的温度为终止温度（T_f），即累积质量变化达到最大值时的温度；TG 曲线上质量基本不变的部分（AB 段）称为基线。加热过程中，物质会在某温度下发生分解、脱水、氧化、还原或升华等物理化学变化，从而出现质量变化，发生质量变化的温度及质量变化百分数因物质的结构和组成而异，因此可以利用物质的 TG 曲线来研究物质的热变化过程，推测其反应机理及产物。

分析 TG 曲线可以得到的信息如下：

1. 阶梯位置。由于热重法测量的是反应过程中的质量变化，所以凡是伴随质量改变的物理或化学变化，都可以在 TG 曲线上表现为相应的阶梯，阶梯位置通常用反应温度区间表示。同一物质发生不同变化时（如蒸发和分解），其阶梯对应的温度区间是不同的。不同物质发生同一变化时(如分解),其阶梯对应的温度区间也是不同的。因此,阶梯位置(温度区间)可作为鉴别质量变化的定性依据。

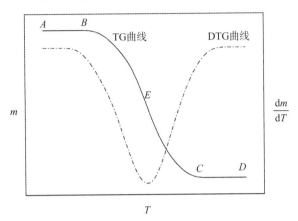

图 37-1　TG 曲线和 DTG 曲线

2.阶梯高度。阶梯高度代表质量的变化幅度,可用于计算中间产物或最终产物的质量以及结晶水分子数、水含量等,是各种质量参数计算的定量依据。

3.阶梯斜度。阶梯斜度与实验条件有关,但在给定的实验条件下,阶梯斜度取决于变化过程。一般阶梯斜度越大,质量变化速率越快;反之则慢。若涉及化学反应过程,由于阶梯斜度与反应速率有关,因此可得到动力学信息。

焙烧是使催化剂具有活性的重要步骤,往往在较高的温度下进行,在热作用下发生的物理或化学变化通常伴随物质质量的变化,所以利用热重法可以获得关于催化剂制备的大量信息。实验 34 所用的 $CuO/\gamma-Al_2O_3$ 催化剂是用 $\gamma-Al_2O_3$ 浸渍 $Cu(NO_3)_2$ 溶液后焙烧获得的。在焙烧过程中,$Cu(NO_3)_2$ 分解生成 CuO。合理的焙烧温度应该保证 $Cu(NO_3)_2$ 分解完全,可以利用热重法确定焙烧温度。其 TG 曲线应该有两个明显的阶梯(对应 DTG 曲线上两个峰):第一个阶梯对应催化剂脱除表面吸附水和结晶水的过程,出现温度一般低于 250 ℃(因实验条件而异);第二个阶梯出现的温度一般高于 250 ℃,对应 $Cu(NO_3)_2$ 分解过程。原则上,制备 $CuO/\gamma-Al_2O_3$ 催化剂的焙烧温度应该选择第二个阶梯的终止温度,这样可以保证 $Cu(NO_3)_2$ 分解完全。然而,温度过高可能会导致催化剂发生其他物理或化学变化,需要结合其他分析手段进行评价。

本实验采用热重法确定制备 $CuO/\gamma-Al_2O_3$ 催化剂的焙烧温度。需要注意的是,$Cu(NO_3)_2$ 的分解过程会受到样品形态、程序升温速率、气氛和压力等因素的影响。试样的粒度和质量及装样的均匀性也会对分解过程产生影响。升温速率过大,热滞后现象严重,TG 曲线上起始温度 T_0 和终止温度 T_f 偏高,但不影响试样的失重量;DTA 曲线基线飘移严重,分辨率较低。所以,升温速率一般不超过 10 ℃/min。试样周围的气氛对试样的分解过程有较大影响,试样的分解产物可能与气体反应,也可能被气流带走。同一试样在不同的气氛、流速和压力条件下的分解过程可能不同,其 TG 曲线和 DTG 曲线也可能不同。

三、实验仪器与试剂

(一)实验仪器

实验所用仪器为热重分析仪。不同型号的热重分析仪结构存在一定差异,但主要都由天平、加热炉、程序控温系统、记录系统等构成。

(二)实验材料与试剂

实验所用材料与试剂为 $Cu(NO_3)_2$(分析纯)和 γ-Al_2O_3(制备方法参考实验 32)。

四、实验步骤

(一)样品制备

1. 参照实验 33,用 γ-Al_2O_3 浸渍 $Cu(NO_3)_2$ 溶液,干燥后获得催化剂前驱体试样 $Cu(NO_3)_2$/γ-Al_2O_3。

2. 在研钵中分别将试样、未负载的 $Cu(NO_3)_2$ 研磨成 100~300 目的粉末。

(二)设备参数设置

打开电脑,运行设备控制软件,设置升温速率、加热温度、保温时间和载气流速等参数。

(三)样品测试

1. 称取 10~30 mg 样品粉末,置于陶瓷坩埚中。可在桌面轻敲几下,防止装样时粉末洒出来。将盛有待测物的坩埚置于右侧托盘上。

2. 开启载气钢瓶,调节减压阀压力至合适的范围。本实验采用空气作为载气,调节载气至实验设计的流量(50~100 mL/min)。待气体流量稳定,开始升温。

3. 达到预置的终止温度时,测量自动停止,保存数据。

4. 待炉温冷却至室温,取出坩埚,关闭设备电源和气瓶。

五、注意事项

1. 不同型号的热重分析仪的操作存在差异,实验前应充分了解设备的具体操作步骤。

2. 热重分析仪对震动比较敏感,实验过程中应避免外界的震动,以免影响数据的测定。

3. 为得到更精确的结果,也可将实验前后试样的实际称重数据与热重分析仪记录的数据对比(重新校核仪器)。

4.试样体积一般不超过坩埚容积的 4/5。对于加热时发泡的试样,试样体积应不超过坩埚容积的 1/2 或更少,或用惰性粉末稀释,以防发泡时溢出坩埚。

5.如果仪器没有直接记录 DTG 曲线,则可通过作图或计算求得,如逐点作切线,求斜率。但此法有一定的任意性,易产生作图误差。当所取实验点足够密时,相邻两点间的失重速率可近似取它们的差商。所取实验点的间隔越小,求出的峰值越接近实际。

六、数据记录与处理

1.将实验条件、起始温度 T_0 和终止温度 T_f 填入表 37-1。

表 37-1　催化剂热失重分析实验记录表

样品	样品质量/mg	升温速率/(℃/min)	载气流量/(mL/min)	T_0/℃	T_f/℃
$Cu(NO_3)_2/\gamma\text{-}Al_2O_3$		5	50		
$Cu(NO_3)_2/\gamma\text{-}Al_2O_3$		10	50		
$Cu(NO_3)_2/\gamma\text{-}Al_2O_3$		5	100		
$Cu(NO_3)_2$		5	100		

2.绘制 TG 曲线和 DTG 曲线,分析测试条件对曲线的影响。

3.对比未负载的 $Cu(NO_3)_2$ 和负载后的 $Cu(NO_3)_2/\gamma\text{-}Al_2O_3$ 的热失重数据,分析其差异。

七、思考题

1.催化剂合理焙烧温度的确定应该考虑哪些因素?

2.根据实验数据,分析升温速率对试样的 TG 曲线和 DTG 曲线有何影响。

3.根据实验数据,分析载气流速对试样的 TG 曲线和 DTG 曲线有何影响。

4.举例说明热重法在催化剂表征领域还有哪些应用。

5.未负载的 $Cu(NO_3)_2$ 和负载后的 $Cu(NO_3)_2/\gamma\text{-}Al_2O_3$ 的分解温度范围有什么差异?原因是什么?

6.本实验为什么采用空气气氛?

精细化工实验

实验 38　泡沫稳定剂 OA-12 的
合成与发泡力测定

一、实验目的

1. 了解泡沫稳定剂的作用原理和用途。
2. 掌握 OA-12 的合成方法。
3. 掌握泡沫稳定剂发泡力的测定方法。

二、实验原理

泡沫稳定剂 OA-12（N,N-十二烷基二甲基氧化叔胺）是一种两性表面活性剂,为无色透明液体,易溶于水和极性有机溶剂,微溶于非极性有机溶剂,在水溶液中以非离子形式存在,pH>10 时呈阴离子型。OA-12 配伍性极强,具有优良的乳化、增溶、抗静电、保湿、柔软、增泡和稳泡特性,对皮肤刺激性弱,温和,能有效降低化妆品、餐具洗涤剂中阴离子型表面活性剂的刺激性,具有良好的杀菌活性,易生物降解。

本实验以 N,N-二甲基十二胺为原料,与过氧化氢反应合成 N,N-十二烷基二甲基氧化叔胺,反应式如下:

$$C_{12}H_{25}N(CH_3)_2 + H_2O_2 \longrightarrow C_{12}H_{25}(CH_3)_2N \rightarrow O + H_2O \qquad (38-1)$$

泡沫性能是表面活性剂的一项重要性能指标。本实验参考 GB/T 13173—2021 测定 OA-12 的发泡力。其原理是使表面活性剂溶液从一定位置垂直向下降落,在刻度量管中央产生泡沫,测量泡沫高度,作为衡量泡沫性能的指标。

三、实验仪器和试剂

(一)实验仪器

实验所用仪器为水浴锅、搅拌装置、罗氏泡沫仪(滴液管+刻度管)、天平、四口烧瓶、球形冷凝管、恒压滴液漏斗、温度计等。

（二）实验试剂

实验所用试剂为 N,N-二甲基十二胺（分析纯）、过氧化氢（30％）等。

四、实验步骤

（一）OA-12 的合成

如图 38-1 所示，向四口烧瓶中加入 5.2 g N,N-二甲基十二胺，装好搅拌桨、恒压滴液漏斗、球形冷凝管、温度计。升温至 70 ℃，在搅拌条件下由恒压滴液漏斗加入 5.7 g 过氧化氢溶液（20 min 内加完），然后由恒压滴液漏斗加入 15 mL 蒸馏水。升温至 80 ℃，在 80 ℃条件下搅拌反应 1 h。反应结束后，冷却得到无色透明液体为 OA-12。

图 38-1　OA-12 合成实验装置示意图

（二）发泡力的测定

1. 称取 2.5 g 实验制得的 OA-12，置于烧杯中，用 150 mg/kg 硬水溶解并定容至 1 L，置于 40 ℃恒温水浴中陈化。从加水溶样到陈化结束，总时间为 30 min。

150 mg/kg 硬水配制方法：准确称取 0.148 g $MgSO_4 \cdot 7H_2O$ 和 0.0999 g $CaCl_2$，用蒸馏水溶解并定容至 1 L。

2. 打开恒温器，使水温升至设定温度。开动水泵，使刻度管夹套水温稳定在 (40±0.5)℃。先用水冲洗刻度管内壁，然后用样品试液冲洗刻度管内壁。

3. 自刻度管底部注入试液至 50 mL 刻度线以上，关闭刻度管的活塞，静置 5 min，调节活塞，使液面恰好在 50 mL 刻度处。

4. 将仪器上的滴液管注满（200 mL 试液），安装于刻度管上，与刻度管断面垂直，使溶液能流到刻度管的中心。滴液管的出口应在 900 mm 刻度线上。

5. 打开滴液管的活塞，使溶液流下。当滴液管中的溶液流完时，立即记录泡沫高度。用新试液重复实验 2～3 次，每次实验之前必须将管壁洗净。取实验的平均值作为最后结果，平行测定允许差不超过 5 mm。

五、注意事项

过氧化氢具有较强的氧化性和刺激性,实验过程中应避免接触皮肤,如接触到皮肤应用大量清水冲洗接触部位。

六、数据记录与处理

1.观察产品外观,称量产品质量,计算收率,将数据填入表 38-1。

表 38-1　OA-12 合成实验记录表

产品外观	产品质量/g	收率/%

2.将罗氏泡沫仪测定的泡沫高度填入表 38-2。

表 38-2　发泡力测定实验记录表

实验次数	1	2	3	平均值
泡沫高度/mm				

七、思考题

1.举例说明 OA-12 有哪些用途。

2.除过氧化氢,还可以用哪些氧化剂氧化 N,N-二甲基十二胺,合成 OA-12?应该如何设计实验方案?

3.测定发泡力时为什么要用水和试液冲洗刻度管内壁?

4.请查阅文献,说明如何测定产品中有效成分的含量。

实 验 39　增 塑 剂 DBP 的 合 成

一、实验目的

1. 了解增塑剂的作用机理和用途。
2. 掌握增塑剂 DBP 的合成原理和方法。

二、实验原理

增塑剂是一种加入高分子聚合体系中能增强其可塑性、柔韧性或膨胀性的物质。增塑剂的主要作用是削弱聚合物分子间的范德瓦耳斯力,从而增强聚合物分子链的移动性,降低聚合物分子链的结晶度,即增强聚合物的塑性,具体表现为聚合物的硬度、模量、转化温度和脆化温度的降低,以及伸长率、曲挠性和柔韧性的提高。

邻苯二甲酸酯类增塑剂是目前应用范围最广泛的一类主增塑剂,具有颜色浅、毒性低、品种多、电性能好、挥发性弱和耐低温等特点。增塑剂 DBP(dibutyl phthalate)即邻苯二甲酸二丁酯,是一种典型的邻苯二甲酸酯类增塑剂,为无色油状液体,微具芳香味,沸点为 340 ℃,主要用作聚氯乙烯的增塑剂,也可用作黏合剂和乳胶漆的增塑剂。

本实验以邻苯二甲酸酐和正丁醇为原料,以浓硫酸为催化剂合成 DBP,反应式如下:

$$\text{(39-1)}$$

三、实验仪器及试剂

(一)实验仪器

实验所用仪器为电加热套、天平、水循环真空泵、两口烧瓶、分水器、球形冷凝管、温度计、直形冷凝管等。

(二)实验试剂

实验所用试剂为正丁醇、邻苯二甲酸酐、浓硫酸、无水硫酸镁、氯化钠、碳酸钠,均为分析纯。

四、实验步骤

向如图 39-1 所示的两口烧瓶中加入 14.8 g 邻苯二甲酸酐、25 mL 正丁醇、4 滴浓硫酸,加入几粒沸石,摇动烧瓶使之充分混合,然后装好分水器(预先装有 2.4 mL 正丁醇)、球形冷凝管和温度计,缓慢加热至邻苯二甲酸酐溶解。升温至沸腾,待酯化反应进行到一定程度,可观察到从冷凝管滴入分水器的冷凝液中出现水珠。随着反应进行,分出的水层增多,反应温度逐渐上升。待分水器中水层体积不再增加,从分水器中放出水和正丁醇。当反应混合物温度升至 160 ℃,即可停止反应。将反应混合物冷却至 70 ℃,倒入分液漏斗,用等量饱和食盐水

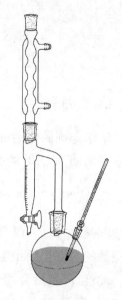

图 39-1　DBP 合成实验装置示意图

洗涤两次。用 5% 碳酸钠溶液中和后,再用饱和食盐水洗涤至有机层呈中性,分离出油状粗产物,用无水硫酸镁干燥。过滤,先在常压下蒸出正丁醇,再减压蒸馏,收集 200~210 ℃ (2666 Pa)或 180~190 ℃(1333 Pa)的馏分,即得产品 DBP。

五、注意事项

在减压蒸馏操作时,应该先开始减压,后逐渐加热升温,以免发生爆沸。

六、数据记录与处理

观察产品外观,称量产品质量,计算产率,将数据填入表 39-1。

表 39-1　DBP 合成实验记录表

产品外观	产品质量/g	收率/%

七、思考题

1. 本实验中分水器的作用是什么?
2. 作为增塑剂,DBP 有哪些优缺点?
3. 以浓硫酸为催化剂合成 DBP 有哪些劣势? 如何改进?
4. 本实验为什么采用减压蒸馏操作?
5. 在本实验中,如何判定反应已经完成?

实验 40　抗氧剂 BHT 的合成

一、实验目的

1. 了解抗氧剂的作用原理和用途。
2. 了解抗氧剂 BHT 的结构和性质。
3. 掌握抗氧剂 BHT 的合成方法。

二、实验原理

高分子材料在加工、贮存与使用中会有性能劣化的现象,即老化。例如,塑料发黄、脆化与开裂,橡胶发黏、硬化、龟裂及绝缘性下降,纤维制品变色、强度下降等。从化学角度来看,无论是天然高分子材料还是人工合成高分子材料,在热、紫外线、机械应力、高能辐射、电场等外界因素的作用下,其分子结构中的弱键易成为化学反应的突破口,导致高分子材料结构发生变化,从而使材料性能劣化。为抑制高分子材料的老化,需要采取各种措施阻止或防止材料老化,添加抗氧剂就是常用的手段之一。抗氧剂是指加入高分子材料中的,可以抑制、延缓老化,从而提高高分子材料应用性能,延长材料使用和保存时间的物质。

抗氧剂 BHT(butylated hydroxytoluene)即 2,6-二叔丁基-4-甲基苯酚,其结构式如图 40-1 所示。BHT 为无色至白色结晶,基本无味,熔点为 69.5～70.5 ℃,沸点为 265 ℃,闪点为 127 ℃,不溶于水、甘油和丙二醇,易溶于石油醚、乙醇、矿物油等溶剂,对热相当稳定,与金属离子反应不会着色,易升华。

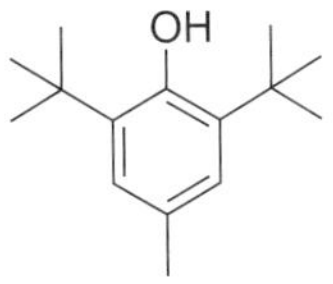

图 40-1　抗氧剂
BHT 的结构式

抗氧剂 BHT 为受阻酚类抗氧剂,其酚羟基中的氢具有较强的活性,为氢供体,可与高分子材料氧化过程中所产生的自由基反应,生成较稳定的酚类自由基,达到终止或延缓自动氧化反应的目的。

本实验以对甲酚和叔丁醇为原料,以浓硫酸为催化剂,以冰乙酸为溶剂,合成抗氧剂 BHT,反应式如下:

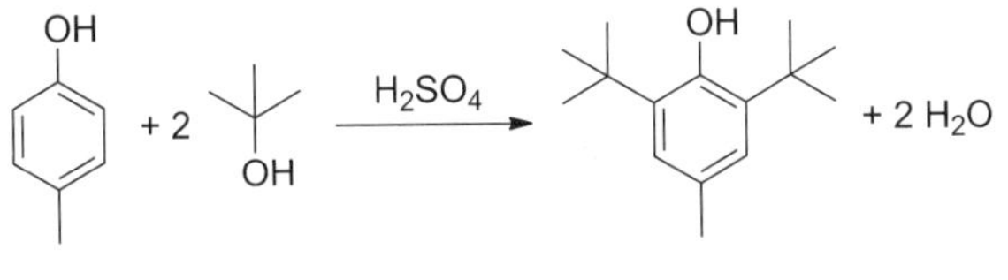

$$\text{(40-1)}$$

三、实验仪器及试剂

(一)实验仪器

实验所用仪器为水浴锅、搅拌装置、分析天平、熔点仪、三口烧瓶、直形冷凝

170

管、分液漏斗、温度计、烧杯和恒压滴液漏斗等。

（二）实验试剂

实验所用试剂为对甲酚、冰乙酸、叔丁醇、浓硫酸、乙醚、乙醇（95%）、氢氧化钾、无水硫酸钠，均为分析纯。

四、实验步骤

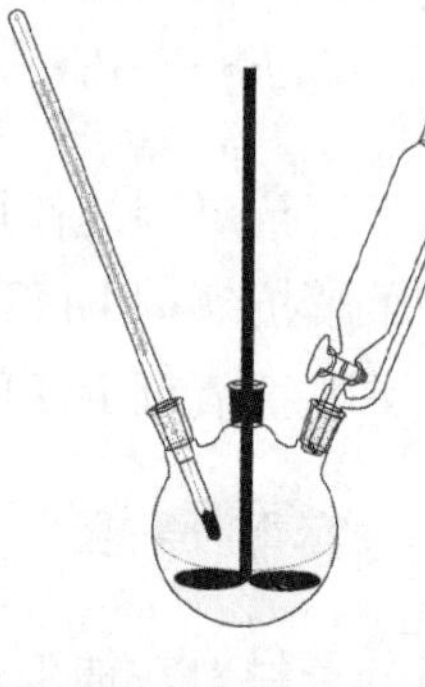

1. 如图 40-2 所示，向装有搅拌器和温度计的三口烧瓶中加入 22 g 对甲酚、10 mL 冰乙酸和 56 mL 叔丁醇，搅拌至溶解。

2. 控制低温水浴，使反应物冷却至 0～2 ℃。然后将 15 mL 浓硫酸缓慢滴入反应物中，控制温度低于 15 ℃。滴加完毕，继续搅拌 20 min，使反应完全。

图 40-2　BHT 合成实验装置示意图

3. 将反应混合物转移至冰水混合物中，用 50 mL 乙醚萃取两次。合并有机层，用水洗涤两次，再用 2%氢氧化钾溶液洗涤，用无水硫酸钠干燥。过滤，收集滤液，先在常压下蒸出乙醚，再减压蒸出副产物二聚异丁烯（101～105 ℃，1333 Pa），得到油状物。油状物冷却后析出结晶，过滤，用 95%乙醇重结晶，得到无色棱柱状结晶。

4. 称量产品质量，用熔点仪测定产品的熔点。

五、注意事项

浓硫酸滴加速度要慢，防止温度过高，发生副反应。

六、数据记录与处理

记录产品的质量和熔点，计算产品的收率，一并填入表 40-1。

表 40-1　抗氧剂 BHT 的收率和熔点

对甲酚质量 /g	BHT 质量 /g	产品收率/%	产品熔点/℃

七、思考题

1. 工业合成抗氧剂 BHT 的方法有哪些？

2. 对于实验合成的 BHT，可采用什么方法分离、提纯？

3. 抗氧剂 BHT 抗氧化的作用机理是？其抗氧化的优缺点是？

4. 除作为高分子材料的抗氧剂，抗氧剂 BHT 还有哪些用途？

5. 本实验合成抗氧剂 BHT 的路线有哪些缺点？如何改进？

实验 41　聚乙烯醇-水玻璃内墙涂料的
配制与遮盖力测定

一、实验目的

1. 了解涂料的组成和配制方法。
2. 掌握聚乙烯醇-水玻璃内墙涂料的配制方法。
3. 掌握涂料遮盖力的测定原理和方法。

二、实验原理

涂料是一种覆盖在物体表面能形成牢固附着的连续薄膜的功能材料,其组成成分按功能可分为成膜物质、溶剂、颜料和助剂,其中助剂包括催干剂、增塑剂、固化剂、防老化剂、防霉剂、流平剂、防沉淀剂、防结皮剂等。

传统的涂料通常使用易挥发的有机溶剂,如汽油、甲苯、二甲苯等,不仅浪费资源,污染环境,而且给生产和施工场所带来危险(如火灾和爆炸)。本实验配制的涂料是一类以聚乙烯醇和水玻璃为基料的内墙涂料,以水为溶剂,无毒无味,制法简单,原料易得,价格低廉,而且有阻燃作用。这类涂料使用方便,施工过程中干燥速度快,大量用于住宅和公共场所的内墙涂装,但其耐候性差,一般不适用于外墙涂装。

配制这类内墙涂料时,除聚乙烯醇和水玻璃外,还须添加表面活性剂、填料和其他辅助材料。各组分的功能如下:

1. 聚乙烯醇是本实验中涂料的主要成分,起成膜作用。聚乙烯醇为白色至乳黄色的粉末固体,是由聚乙酸乙烯酯经醇解得到的高聚物。

2. 水玻璃为无色或青绿色黏稠液体,作用与聚乙烯醇类似,成膜的硬度和光洁度较好。

3. 表面活性剂主要起乳化作用,能使有机物聚乙烯醇、无机物水玻璃及其他成分均匀地分散于水中,形成乳液。本实验选用商品乳化剂 OP-10。

4. 填料在涂料中起骨架作用,使涂膜更厚、更坚实,具有良好的遮盖力。常见的填料为各种石粉和无机盐。本实验所用的填料有如下几种:①钛白粉,相对密度约为 4.26,白度高,硬度大,具有很好的遮盖力、着色力、耐腐蚀性和耐候性,但价格较高。②滑石粉,白色鳞片状粉末,具有玻璃光泽,有滑腻感,相对密度约为 2.7,化学性质不活泼,用于提高涂层的柔韧性和光滑度。③轻质碳酸钙,白色微细粉末,相对密度约为 2.7,白度和硬度稍低,但价格低廉,加入后可降低成本。

5. 增塑剂 DBP 的主要作用是增强漆膜的柔韧性、弹性和附着力。

按一定的比例混合以上各组分,可以取长补短,具有较高的性价比。

本实验利用表面活性剂的乳化作用,在剧烈搅拌条件下使聚乙烯醇和水玻璃充分混合并高度分散在水中,形成乳液,然后加入其他成分,搅匀得到涂料。将涂料涂覆在墙面上,水分挥发之后可形成一层光洁的、具有装饰和保护作用的涂膜。

遮盖力是评价涂料施工性能的重要指标之一,是指色漆遮盖底材表面颜色的能力,即将色漆均匀地刷涂在物体表面,使其底色不再呈现的最小用漆量。

三、实验仪器与试剂

(一)实验仪器

实验所用仪器为电动搅拌器、天平(感量为 0.01 g)、滴液漏斗、温度计、三口烧瓶、恒温水浴槽、烧杯、球形冷凝管、玻璃棒、漆刷(宽 25~35 mm)、石棉水泥板、木制暗箱(600 mm×500 mm×400 mm)、黑白格玻璃板(100 mm×250 mm)等。

木制暗箱(图 41-1)内 3 mm 厚的磨砂玻璃将箱体分为上下两部分,磨砂玻璃的磨面向下,使光源均匀。暗箱上平行放置 2 支 15 W 日光灯,前面安装一挡光板,下部正面敞开用于检验,内壁涂无光黑漆。

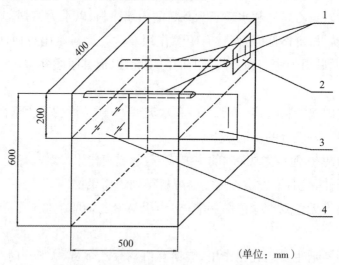

(单位:mm)

1—日光灯(15 W);2—电源开关;3—挡光板;4—磨砂玻璃。

图 41-1 木制暗箱示意图

遮盖力测定用的黑白格玻璃板如图 41-2 所示,可用玻璃板制作,方法如下:将玻璃板的一端遮住(100 mm×50 mm,留作实验时手执之用),然后在剩余的 100 mm×200 mm 区域喷一层黑色硝基漆。晾干后按图 41-2 用小刀仔细地划出数个 25 mm×25 mm 的正方形,再将玻璃板放入水中浸泡片刻,取出晾干。按图 41-2 中间隔剥去正方形漆膜,再喷上一层白色硝基漆,即得到有 32 个黑白间隔正方形的玻璃板。然后贴上一张光滑牛皮纸,刮涂一层环氧胶(防止溶剂渗入,破坏黑白格漆膜),即制得黑白格玻璃板。

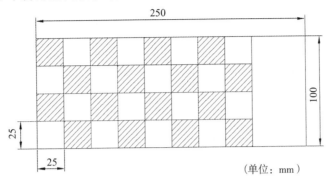

（单位：mm）

图 41-2　黑白格玻璃板示意图

（二）实验材料与试剂

实验所用材料与试剂为聚乙烯醇、水玻璃、钛白粉、滑石粉、轻质碳酸钙、乳化剂 OP-10、增塑剂 DBP 和去离子水。

醇解度不同的聚乙烯醇在水中的溶解度差异很大。本实验要求聚乙烯醇的醇解度在 98% 左右,聚合度约为 1700。

水玻璃可用 $Na_2O \cdot nSiO_2$ 表示,其中 n 称为模数。本实验使用模数为 3 的水玻璃。

四、实验步骤

（一）涂料的配制

1. 向装有搅拌器、温度计和球形冷凝管的 250 mL 三口烧瓶中加入 66 mL 去离子水,在搅拌条件下加入 3.4 g 聚乙烯醇。加热升温,85～100 ℃保温,直至聚乙烯醇全部溶解。

2. 将聚乙烯醇溶液降温至 50 ℃,加入 1～2 g 乳化剂 OP-10,50 ℃搅拌30 min,再降温至 40 ℃,快速搅拌条件下缓慢加入水玻璃溶液(4 g 水玻璃溶解在15 mL 去离子水中)。40 ℃继续搅拌 40 min,再加入 0.5 g 增塑剂 DBP,继续搅拌,直至得到乳白色胶体(基料)。

3. 将乳白色胶体(基料)转移至 250 mL 烧杯中,在快速搅拌条件下向其中加入研磨后的 6.7 g 钛白粉、4 g 滑石粉、16 g 轻质碳酸钙,搅拌均匀,得到聚乙烯醇-水玻璃内墙涂料。

（三）涂料的干燥

将涂料均匀地涂抹于石棉水泥板表面,记录干燥所用的时间,观察涂料干燥后的颜色。

(四)涂料遮盖力的测定(刷涂法)

1. 称量盛有油漆的杯子和漆刷的总质量。

2. 用漆刷将油漆均匀地刷涂于黑白格玻璃板上,将黑白格玻璃板置于暗箱内,距离暗箱中磨砂玻璃片 15～20 cm,有黑白格的一端与平面倾斜成 30°～45°角,在 1 支或 2 支日光灯下进行观察,黑白格都看不见时结束刷涂。刷涂时应快速均匀,不应将油漆刷至板的边缘。

3. 称量刷涂后盛有余漆的杯子和漆刷的总质量,用减量法求出黑白格玻璃板上油漆的质量。

4. 平行测定两次,若两次结果之差不大于平均值的 5%,则取其平均值,否则必须重新实验。

五、注意事项

1. 所配涂料应先在 25 ℃、相对湿度为 60%～70%的条件下放置 24 h,再进行各项性能测试。

2. 配制基料时,聚乙烯醇必须完全溶解。聚乙烯醇能否顺利溶解,与实验操作有很大的关系。应在搅拌条件下将聚乙烯醇分批加入温度不高于 25 ℃的冷水中,搅拌 15 min 后,再逐渐升温,直至温度升至 85 ℃。在此温度下搅拌,约 2 h 即可完全溶解。不当操作可能导致聚乙烯醇结块而难以溶解。

3. 搅拌所需时间与搅拌的速度有关,搅拌速度增大可缩短搅拌时间,但是搅拌速度也不能过高,防止产生大量泡沫。

六、数据记录与处理

记录涂料的外观和干燥时间,按式(41-1)计算遮盖力并填入表 41-1。

表 41-1　涂料性能测试实验记录表

外观	干燥时间/h	遮盖力测定		
		W_1/g	W_2/g	$X/(g/m^2)$
		1		
		2		
		平均	—	—

$$X = \frac{W_1 - W_2}{S} \times 10^4 = 50 \times (W_1 - W_2) \tag{41-1}$$

式中:X——涂料的遮盖力,g/m^2;

W_1——刷涂前盛有油漆的杯子和漆刷的总质量，g；

W_2——刷涂后盛有余漆的杯子和漆刷的总质量，g；

S——黑白格玻璃板涂漆的面积，$S = 200 \ cm^2$。

七、思考题

1. 聚乙烯醇-水玻璃内墙涂料有哪些优缺点？

2. 本实验所用涂料配方中各物质有何作用？

3. 若配制蓝色涂料，应如何调整本实验的配方？

实验 42　表面活性剂尼纳尔的合成与性能测定

一、实验目的

1. 掌握烷醇酰胺类非离子型表面活性剂的合成原理及合成方法。
2. 了解烷醇酰胺类非离子型表面活性剂的应用。
3. 掌握表面活性剂界面张力、黏度和发泡力的测定方法。

二、实验原理

尼纳尔即 N,N-双羟乙基十二烷基酰胺，为烷醇酰胺类非离子型表面活性剂。尼纳尔为无色或淡黄色黏稠液体，具有稳泡、增稠的作用，可以抗二次污染，脱脂力强，有一定的抗静电作用，对电解质敏感，在自来水中会析出，使水变浑浊，还有一定防锈作用，可用于配制洗涤剂、钢铁防锈剂、除油脱脂清洗剂及纤维的抗静电剂等产品。

烷醇酰胺可由脂肪酸与二乙醇胺缩合制得，也可以由脂肪酸甲酯与二乙醇胺缩合制得，本实验采用后者。烷醇酰胺的亲水性极弱，实验中通常用脂肪酸与过量一倍的二乙醇胺制成 1∶2 型烷醇酰胺，所得产物是酰胺与二乙醇胺 1∶1 的缔合物，有良好的水溶性。烷醇酰胺的合成路线如下：

$$C_{11}H_{23}COOH + CH_3OH \longrightarrow C_{11}H_{23}COOCH_3 + H_2O \tag{42-1}$$

$$C_{11}H_{23}COOCH_3 + 2NH(CH_2CH_2OH)_2 \longrightarrow$$

$$C_{11}H_{23}CON(CH_2CH_2OH)_2 \cdot NH(CH_2CH_2OH)_2 + CH_3OH \tag{42-2}$$

其中，脂肪酸甲酯合成过程的特点是醇酸摩尔比较大，所以不用分水，不需要加带水剂，反应温度低，生成的水溶解在过量的甲醇中，反应体系不分层，有利于酯化反应的进行。

三、实验仪器与试剂

（一）实验仪器

实验所用仪器为电动搅拌器、水浴锅、电加热套、旋转黏度计、表面张力测定仪、罗氏泡沫仪、天平、三口烧瓶、四口烧瓶、温度计、球形冷凝管、直形冷凝管、恒压滴液漏斗、分液漏斗等。

（二）实验试剂

实验所用试剂为甲醇、月桂酸、浓硫酸、二乙醇胺、氢氧化钾，均为分析纯试剂。

四、实验步骤

（一）月桂酸甲酯的合成

如图 42-1 所示，向三口烧瓶中依次加入 24 g 月桂酸、97 mL 甲醇（醇酸摩尔比为20∶1）和 1 mL 浓硫酸（催化剂），60～70 ℃水浴加热搅拌反应 12 h。反应结束后，将反应液转移至分液漏斗中，加入 150 mL 蒸馏水，分出的有机层即月桂酸甲酯。

图 42-1　月桂酸甲酯
合成实验装置示意图

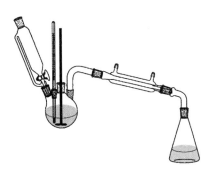

图 42-2　尼纳尔合成实验装置示意图

（二）尼纳尔的合成

按月桂酸甲酯与二乙醇胺的摩尔比 1∶2 计算二乙醇胺的用量，按月桂酸质量的 0.3% 计算氢氧化钾的用量。如图 42-2 所示，向四口烧瓶中加入二乙醇胺和氢氧化钾，搅拌至氢氧化钾溶解，再滴加月桂酸甲酯。将反应温度控制在 140～150 ℃，收集蒸出的甲醇，反应 4 h 即得产品尼纳尔。

（三）界面张力、黏度和发泡力的测定

参照标准 GB 11985—89、GB/T 15357—2014 和 GB/T 13173—2021，分别测定产品的界面张力、黏度和发泡力。根据实验室的现有设备，也可以参照标准 GB/T 38722—2020 和 ASTM D1331—14 测定产品的界面张力。

五、注意事项

甲醇具有毒性，实验产生的废甲醇应收集并置于废液瓶中。

六、数据记录与处理

记录产品的质量及性能参数，计算其收率，一并填入表 42-1。

表 42-1　尼纳尔合成与性能测定实验记录表

产品质量/g	收率/%	界面张力/(mN/m)	黏度/(Pa·s)	发泡力/mm

七、思考题

1.烷醇酰胺表面活性剂有哪些特点和用途？

2.烷醇酰胺表面活性剂的合成方法有哪些？试说明各有哪些优缺点。

3.本实验中向酯化后的反应液中加入蒸馏水的目的是什么？

4.本实验中如何确定二乙醇胺的用量？

实验 43　珠光剂乙二醇硬脂酸酯的合成

一、实验目的

1. 了解珠光剂的作用原理和用途。
2. 掌握乙二醇硬脂酸酯的合成原理及合成方法。
3. 了解乙二醇硬脂酸酯酸值的测定方法。

二、实验原理

珠光剂是一种能使产品发出珍珠般光泽的添加剂,它不仅能增强产品的美感和吸引力,还具有一定的遮光效用,可避免产品因阳光照射而变质。乙二醇硬脂酸酯是一种最常用的珠光剂,颜色较淡,稳定性好,生产较为简单,价格低廉,广泛应用于日用化学品。

乙二醇硬脂酸酯能产生珠光效果是因为乙二醇硬脂酸酯可在适当条件下形成高折光指数的细小片状结晶。乙二醇单硬脂酸酯和乙二醇双硬脂酸酯都能产生很好的珠光效果,它们的结构分别如图 43-1(a)和图 43-1(b)所示。目前,这两种产品都作为珠光剂出售。相比之下,乙二醇双硬脂酸酯产生的珠光较强,乙二醇单硬脂酸酯产生的珠光较细腻。工业品为乙二醇单硬脂酸酯和乙二醇双硬脂酸酯的混合物,只是其中某一组分含量更高一些。

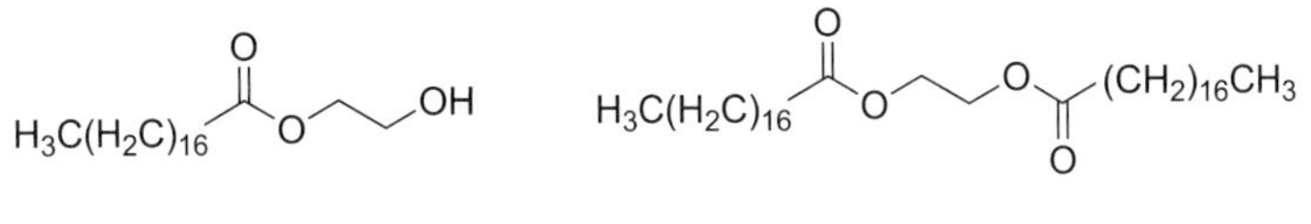

(a)　　　　　　　　　　　(b)

图 43-1　乙二醇单硬脂酸酯(a)和乙二醇双硬脂酸酯(b)

本实验以硬脂酸(stearic acid,SA)和乙二醇为原料,以对甲苯磺酸(TsOH)为催化剂,通过酯化反应合成乙二醇硬脂酸酯,合成路线如下:

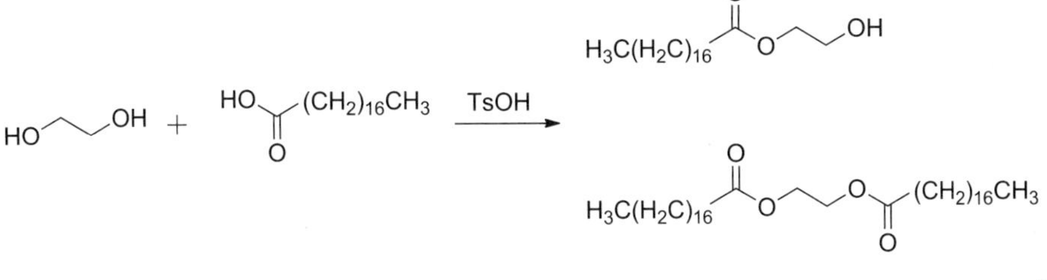

(43-1)

三、实验仪器与试剂

(一)实验仪器

实验所用仪器为电加热套、搅拌器、鼓风干燥箱、三口烧瓶(250 mL)、温度计、球形冷凝管和烧杯等。实验装置可参考图 42-1。

(二)实验试剂

实验所用试剂为乙二醇、硬脂酸、对甲苯磺酸、氢氧化钾、乙醇(95%)、酚酞,均为分析纯试剂。

四、实验步骤

(一)乙二醇硬脂酸酯的合成

1. 将 85.2 g 硬脂酸、26 g 乙二醇和 1 g 对甲苯磺酸加入带有搅拌装置和冷凝管的 250 mL 三口烧瓶,缓慢加热,搅拌至硬脂酸完全溶解,115~120 ℃反应约 4 h。

实验过程中可以定时取样,测定其酸值。当酸值基本不变时,可认为反应停止。测定酸值前,要用热水多次洗涤(洗去其中的乙二醇和对甲苯磺酸),105 ℃干燥至恒重。

2. 反应结束后,待反应液温度降至 100 ℃以下,将反应液倒入装有 90 ℃热水的烧杯中,搅拌洗涤样品,重复洗涤 3 次,除去未反应的乙二醇和对甲苯磺酸,然后冷却至室温,得到白色蜡状固体。

(二)酸值的测定

按照 GB/T 6365−2006 测定产品的酸值,基本操作如下:称取样品 10 g 左右(精确至 0.0001 g),置于三角瓶中。加入 95%乙醇 100 mL,加热使其溶解。然后加入酚酞指示剂 4~5 滴,立即以 0.2 mol/L 氢氧化钾标准溶液滴定至呈浅红色,以维持 30 s 不退色为终点。

五、注意事项

由于乙二醇硬脂酸酯具有较强的附着力,用过的玻璃仪器须用热水清洗或在碱缸中浸泡,以清除附着的乙二醇硬脂酸酯。

六、数据记录与处理

测定反应前后反应物料消耗的氢氧化钾标准溶液体积,根据式(43-2)计算酸值,然后根据式(43-3)计算硬脂酸的转化率,并将数据填入表 43-1。

$$A = \frac{56.1Vc}{m} \tag{43-2}$$

式中：A——酸值，mg/g；

56.1——1 mol 氢氧化钾的质量，g；

V——滴定时耗用氢氧化钾标准溶液的体积，mL；

c——氢氧化钾标准溶液的浓度，mol/L；

m——样品的质量，g。

$$C_{SA} = \frac{A_0 - A_t}{A_0} \times 100\% \tag{43-3}$$

式中：C_{SA}——硬脂酸的转化率，%；

A_0——反应物初始酸值，mg/g；

A_t——反应终止时反应物的酸值，mg/g。

表 43-1　乙二醇硬脂酸酯合成实验记录表

项目	样品质量/g	氢氧化钾标准溶液		酸值/(mg/g)
		浓度/(mol/L)	用量/mL	
初始反应物				
终止反应物				
转化率/%				

七、思考题

1.珠光剂乙二醇硬脂酸酯可用于哪些产品？

2.珠光剂产生珠光效果的原理是什么？

3.工业上合成乙二醇硬脂酸酯采用哪些方法？

4.用热水洗涤反应物的目的是什么？

5.如果要制备乙二醇单硬脂酸酯，应该如何调整实验方案？

实验 44　洗发香波的配制

一、实验目的

1. 了解洗发香波中各组分的作用和洗发香波的调配原理。
2. 掌握配制洗发香波的工艺。

二、实验原理

洗发香波是清洁头发的发用化妆品,是一种产量巨大的液体洗涤剂,其种类丰富,配方和配制工艺也多种多样。洗发香波的功能成分主要有两类:

一类是表面活性剂,分主表面活性剂和辅助表面活性剂两类。主表面活性剂的作用是起泡和去污,要求产生的泡沫丰富、易扩散、易清洗,去污能力强。辅助表面活性剂应增进去污力,增强泡沫的稳定性,洗后使头发易梳理、易定型、光亮、快干,并具有抗静电等效果,具有良好的配伍性。常用的主表面活性剂有阴离子型的烷基醚硫酸盐、非离子型的烷醇酰胺。常用的辅助表面活性剂有阴离子型的油酰氨基酸钠(雷米邦 A)、非离子型的聚氧乙烯山梨糖醇酐单油酸酯(吐温)、两性离子型的十二烷基二甲基甜菜碱等。

另一类是赋予香波特殊效果的各种添加剂,如增稠剂、去屑止痒剂、珠光剂、固色剂、稀释剂、螯合剂、增溶剂、营养剂、防腐剂、染料和香精等。增稠剂主要有烷醇酰胺、聚乙二醇硬脂酸酯、羧甲基纤维素钠、氯化钠等;常用的去屑止痒剂有硫、硫化硒、吡啶硫铜锌等;常用的珠光剂有乙二醇硬脂酸酯;螯合剂最常用的是乙二胺四乙酸二钠;营养剂有羊毛脂衍生物、硅酮、胱氨酸、水解蛋白和维生素等;香精多为水果香型、花香型和草香型。

设计洗发香波配方时要遵循以下规则:具有适当的洗净力和柔和的脱脂作用;能形成丰富而持久的泡沫;洗后的头发应有光泽且柔顺,具有良好的梳理性;洗发香波对头发、头皮和眼睑安全;易洗涤,耐硬水,在常温下洗发效果好;用洗发香波洗发,不应给烫发和染发带来不利影响。设计配方时,除应遵循以上原则外,还应注意选择表面活性剂,并考虑其配伍性。

三、实验仪器和试剂

(一)实验仪器

实验所用仪器为水浴锅、搅拌器、天平、烧杯、量筒、温度计和玻璃棒等。

（二）实验试剂

本实验配制普通洗发香波，其配方见表 44-1。感兴趣的读者可以查阅文献，依据文献中的配方选用实验试剂，配制各种类型的洗发香波。

实验所用试剂为 N,N-双羟乙基十二烷基酰胺、十二烷基硫酸钠、十二烷基苯磺酸钠、椰油酰基甲基牛磺酸钠、乙二醇硬脂酸酯、甘油、柠檬酸、苯甲酸钠、香精等。

表 44-1 普通洗发香波配方

组分	用量	组分	用量
N,N-双羟乙基十二烷基酰胺	6％	苯甲酸钠	0.1％
十二烷基硫酸钠	9％	香精	0.1％(可根据具体香精特性进行调整)
甘油	5％	氯化钠	1％
椰油酰基甲基牛磺酸钠	10％	柠檬酸	调 pH 为 6～7
乙二醇硬脂酸酯	3％	去离子水	余量
十二烷基苯磺酸钠	2％	—	—

四、实验步骤

1. 称取一定量去离子水，置于烧杯中，将烧杯放入水浴锅中加热至 60 ℃。

2. 加入十二烷基硫酸钠，60～65 ℃条件下搅拌至全部溶解。

3. 控温 60～65 ℃，在搅拌条件下加入 N,N-双羟乙基十二烷基酰胺、十二烷基苯磺酸钠、椰油酰基甲基牛磺酸钠，搅拌至全部溶解，再加入甘油、乙二醇硬脂酸酯，缓慢搅拌至全部溶解。

4. 降温至 40 ℃以下，加入香精、苯甲酸钠，搅拌均匀。

5. 测 pH，用柠檬酸调节 pH 为 6～7。

6. 降温至接近室温，加入氯化钠，调节黏度为 3～10 Pa·s。

五、注意事项

1. 用柠檬酸调节 pH 时，柠檬酸须配成质量分数为 50％的溶液。

2. 用氯化钠调节黏度时，氯化钠须配成质量分数为 20％的溶液，成品中氯化钠的质量分数不得超过 3％。

3. 加乙二醇硬脂酸酯时，温度应控制在 60～65 ℃范围内，慢速搅拌，缓慢冷却，否则体系无珠光。

六、数据记录与处理

将配制洗发香波所用各组分的用量记录于表 44-2 中。根据实验 42 中的方法测定洗发香波的性能参数，记录于表 44-3 中。

表 44-2　洗发香波各组分用量

组分	用量/g	组分	用量/g

表 44-3　洗发香波的性能参数

界面张力/(mN/m)	黏度/(Pa·s)	发泡力/mm

七、思考题

1. 洗发香波配方的设计原则有哪些？

2. 洗发香波配方中各组分的作用是什么？对水质有什么要求？

3. 为什么必须控制洗发香波的 pH？

4. 洗发香波配方中氯化钠可以用哪些物质替代？

5. 洗发香波配方中苯甲酸钠可以用哪些物质替代？

附 录

附录 1 水的物理性质

温度 $t/℃$	0	10	20	30	40	50	60	70
饱和蒸汽压 p/kPa	0.608	1.226	2.335	4.247	7.377	12.340	19.923	31.164
密度 $\rho/(kg/m^3)$	999.9	999.7	998.2	995.7	992.2	988.1	983.2	977.8
焓 $H/(kJ/kg)$	0.00	42.04	83.90	125.69	167.51	209.30	251.12	292.99
定压比热容 $c_p/[kJ/(kg \cdot ℃)]$	4.212	4.191	4.183	4.174	4.174	4.174	4.178	4.187
导热系数 $\lambda \times 10^2/[W/(m \cdot ℃)]$	55.13	57.45	59.89	61.76	63.38	64.78	65.94	66.76
黏度 $\mu \times 10^5/(Pa \cdot s)$	179.21	130.77	100.50	80.07	65.60	54.94	46.88	40.61
体积膨胀系数 $\beta \times 10^4/(℃^{-1})$	-0.63	0.70	1.82	3.21	3.87	4.49	5.11	5.70
表面张力 $\sigma \times 10^3/(N/m)$	75.6	74.1	72.6	71.2	69.6	67.7	66.2	64.3
普朗特数 Pr	13.66	9.52	7.01	5.42	4.32	3.54	2.98	2.54
温度 $t/℃$	80	90	100	110	120	130	140	—
饱和蒸汽压 p/kPa	47.379	70.136	101.330	143.310	198.640	270.250	361.470	—
密度 $\rho/(kg/m^3)$	971.8	965.3	958.4	951.0	943.1	934.8	926.1	—
焓 $H/(kJ/kg)$	334.94	376.98	419.10	461.34	503.67	546.38	589.08	—
定压比热容 $c_p/[kJ/(kg \cdot ℃)]$	4.195	4.208	4.220	4.238	4.260	4.266	4.287	—
导热系数 $\lambda \times 10^2/[W/(m \cdot ℃)]$	67.45	68.04	68.27	68.50	68.62	68.62	68.50	—
黏度 $\mu \times 10^5/(Pa \cdot s)$	35.65	31.65	28.38	25.89	23.73	21.77	20.10	—
体积膨胀系数 $\beta \times 10^4/(℃^{-1})$	6.32	6.95	7.52	8.08	8.64	9.17	9.72	—
表面张力 $\sigma \times 10^3/(N/m)$	62.6	60.7	58.8	56.9	54.8	52.8	50.7	—
普朗特数 Pr	2.22	1.96	1.76	1.61	1.47	1.36	1.26	—

附录 2 二氧化碳在水中的亨利系数

温度/℃	$E \times 10^{-6}$/Pa	温度/℃	$E \times 10^{-6}$/Pa
0	73.80	23	156.37
5	88.80	24	160.69
10	105.30	25	165.04
11	108.86	26	169.46
12	112.49	27	173.90
13	116.19	28	178.39
14	119.94	29	182.94
15	123.77	30	187.52
16	127.64	31	192.13
17	131.58	32	196.79
18	135.58	33	201.48
19	139.64	34	206.22
20	143.73	35	210.98
21	147.90	40	236.00
22	152.11	—	—

附录 3　常见气体的重要物理性质

名称		空气	氧	氮	氢	氦
密度/(kg/m³)(0 ℃,101.325 kPa)		1.293	1.429	1.251	0.090	0.179
比热容/[kJ/(kg·℃)]		1.009	0.653	0.745	10.130	3.180
黏度 $\mu \times 10^5$/(Pa·s)		1.73	2.03	1.70	0.84	1.88
沸点/℃(101.325 kPa)		−195.00	−132.98	−195.78	−252.75	−268.95
汽化热/(kJ/kg)		197	213	199	454	20
临界点	温度/℃	−140.7	−118.8	−147.1	−239.9	−268.0
	压力/kPa	3768.4	5036.6	3392.5	1296.6	228.9
导热系数/[W/(m·℃)]		0.0244	0.0240	0.0228	0.1630	0.1440
名称		氩	氯	氨	一氧化碳	二氧化碳
密度/(kg/m³)(0 ℃,101.325 kPa)		1.782	3.217	0.771	1.250	1.976
比热容/[kJ/(kg·℃)]		0.322	0.355	0.670	0.754	0.653
黏度 $\mu \times 10^5$/(Pa·s)		2.09	1.29 (16 ℃)	0.92	1.66	1.37
沸点/℃(101.325 kPa)		−185.87	−33.80	−33.40	−191.48	−78.20
汽化热/(kJ/kg)		163	305	1373	211	574
临界点	温度/℃	−122.4	144.0	132.4	−140.2	31.1
	压力/kPa	4862.4	7708.9	11295.0	3497.9	7384.8
导热系数/[W/(m·℃)]		0.0173	0.0072	0.0215	0.0226	0.0137
名称		硫化氢	甲烷	乙烷	丙烷	正丁烷
密度/(kg/m³)(0 ℃,101.325 kPa)		1.539	0.717	1.357	2.020	2.673
比热容/[kJ/(kg·℃)]		0.804	1.700	1.440	1.650	1.730
黏度 $\mu \times 10^5$/(Pa·s)		1.17	1.03	0.85	0.80 (18 ℃)	0.81
沸点/℃(101.325 kPa)		−60.20	−161.58	−88.50	−42.10	−0.50
汽化热/(kJ/kg)		548	511	486	427	386
临界点	温度/℃	100.4	−82.2	32.1	95.6	152.0
	压力/kPa	19136.0	4619.3	4948.5	4355.9	3798.8
导热系数/[W/(m·℃)]		0.0131	0.0300	0.0180	0.0148	0.0135

名称		正戊烷	乙烯	丙烯	乙炔	氯甲烷
密度/(kg/m³)(0 ℃,101.325 kPa)		—	1.261	1.914	1.171	2.303
比热容/[kJ/(kg·℃)]		1.570	1.222	2.436	1.352	0.582
黏度 $\mu \times 10^5$/(Pa·s)		0.87	0.94	0.84 (20 ℃)	0.94	0.99
沸点/℃(101.325 kPa)		−36.08	−103.70	−47.70	−83.66 (升华)	−24.10
汽化热/(kJ/kg)		151	481	440	829	406
临界点	温度/℃	197.1	9.7	91.4	35.7	148.0
	压力/kPa	3342.9	5135.9	4599.0	6240.0	6685.8
导热系数/[W/(m·℃)]		0.0128	0.0164	—	0.0184	0.0085
名称		苯	二氧化硫	二氧化氮	—	—
密度/(kg/m³)(0 ℃,101.325 kPa)		—	2.927	—	—	—
比热容/[kJ/(kg·℃)]		1.139	0.502	0.615	—	—
黏度 $\mu \times 10^5$/(Pa·s)		0.72	1.17	—	—	—
沸点/℃(101.325 kPa)		80.20	−10.80	21.20	—	—
汽化热/(kJ/kg)		394	394	712	—	—
临界点	温度/℃	288.5	157.5	158.2	—	—
	压力/kPa	4832.0	7879.1	10130.0	—	—
导热系数/[W/(m·℃)]		0.0088	0.0077	0.0400	—	—

附录 4　常见液体的重要物理性质

名称	水	氯化钠水溶液(25%)	氯化钙水溶液(25%)	硫酸	硝酸
密度/(kg/m³)	998	1186(25 ℃)	1228	1831	1513
沸点/℃(101.325 kPa)	100.0	107.0	107.0	340(分解)	86.0
汽化热/(kJ/kg)	2258.0	—	—	—	481.1
比热容/[kJ/(kg·℃)]	4.18	3.39	2.89	1.47(98%)	—
黏度/(mPa·s)	1.01	2.30	2.50	—	1.17(10 ℃)
导热系数/[W/(m·℃)]	0.599	0.570(30 ℃)	0.570	0.380	—
体积膨胀系数 $\beta \times 10^4/(℃^{-1})$	1.8	−4.4	−3.4	5.7	—
表面张力 $\sigma \times 10^3/(N/m)$	72.8	—	—	—	—

名称	盐酸(30%)	二硫化碳	戊烷	己烷	庚烷
密度/(kg/m³)	1149	1262	626	659	684
沸点/℃(101.325 kPa)	—	46.3	36.1	68.7	98.4
汽化热/(kJ/kg)	—	352.0	357.4	335.1	316.5
比热容/[kJ/(kg·℃)]	2.55	1.01	2.24(15.6 ℃)	2.31(15.6 ℃)	2.21(15.6 ℃)
黏度/(mPa·s)	2.00(31.5%)	0.38	0.23	0.31	0.41
导热系数/[W/(m·℃)]	0.420	0.160	0.113	0.119	0.123
体积膨胀系数 $\beta \times 10^4/(℃^{-1})$	—	12.1	15.9	—	—
表面张力 $\sigma \times 10^3/(N/m)$	—	32.0	16.2	18.2	20.1

名称	辛烷	三氯甲烷	四氯化碳	1,2-二氯乙烷	苯
密度/(kg/m³)	763	1489	1594	1253	879
沸点/℃(101.325 kPa)	125.7	61.2	76.8	83.6	80.1
汽化热/(kJ/kg)	306.4	253.7	195.0	324.0	393.9
比热容/[kJ/(kg·℃)]	2.19(15.6 ℃)	0.99	0.85	1.26	1.70
黏度/(mPa·s)	0.54	0.58	1.00	0.83	0.74
导热系数/[W/(m·℃)]	0.131	0.138(30 ℃)	0.120	0.140(60 ℃)	0.148
体积膨胀系数 $\beta \times 10^4/(℃^{-1})$	—	12.6			12.4
表面张力 $\sigma \times 10^3/(N/m)$	21.3	28.5(10 ℃)	26.8	30.8	28.6

续表

名称	甲苯	邻二甲苯	间二甲苯	对二甲苯	苯乙烯
密度/(kg/m³)	867	880	864	861	911 (15.6 ℃)
沸点/℃(101.325 kPa)	110.6	144.4	139.1	138.4	145.2
汽化热/(kJ/kg)	363.0	347.0	343.0	340.0	352.0
比热容/[kJ/(kg·℃)]	1.70	1.74	1.70	1.70	1.73
黏度/(mPa·s)	0.68	0.81	0.61	0.64	0.72
导热系数/[W/(m·℃)]	0.138	0.142	0.167	0.129	—
体积膨胀系数 $\beta \times 10^4/(℃^{-1})$	10.9	—	10.1		
表面张力 $\sigma \times 10^3/(N/m)$	27.9	30.2	29.0	28.0	—
名称	氯苯	硝基苯	苯胺	苯酚	萘
密度/(kg/m³)	1106	1203	1022	1050 (50 ℃)	1145(固体)
沸点/℃(101.325 kPa)	131.8	210.9	184.4	181.8(熔点 40.9 ℃)	217.9(熔点 80.2 ℃)
汽化热/(kJ/kg)	325.0	396.0	448.0	511.0	314.0
比热容/[kJ/(kg·℃)]	1.30	1.47	2.07	—	1.80 (100 ℃)
黏度/(mPa·s)	0.85	2.10	4.30	3.40 (50 ℃)	0.59 (100 ℃)
导热系数/[W/(m·℃)]	1.140(30 ℃)	0.150	0.170	—	—
体积膨胀系数 $\beta \times 10^4/(℃^{-1})$	—		8.5		
表面张力 $\sigma \times 10^3/(N/m)$	32.0	41.0	42.9	—	—
名称	甲醇	乙醇	乙醇(95%)	乙二醇	甘油
密度/(kg/m³)	791	789	804	1113	1261
沸点/℃(101.325 kPa)	64.7	78.3	78.2	197.6	290.0 (分解)
汽化热/(kJ/kg)	1101.0	846.0	—	780.0	
比热容/[kJ/(kg·℃)]	2.48	2.39		2.35	
黏度/(mPa·s)	0.60	1.15	1.40	23.00	1499.00
导热系数/[W/(m·℃)]	0.212	0.172	—	—	0.590
体积膨胀系数 $\beta \times 10^4/(℃^{-1})$	12.2	11.6	—	—	53.0
表面张力 $\sigma \times 10^3/(N/m)$	22.6	22.8		47.7	63.0

续表

名称	乙醚	乙醛	糠醛	丙酮	甲酸
密度/(kg/m³)	714	783 (18 ℃)	1168	792	1220
沸点/℃(101.325 kPa)	34.6	20.2	161.7	56.2	100.7
汽化热/(kJ/kg)	360.0	574.0	452.0	523.0	494.0
比热容/[kJ/(kg·℃)]	2.34	1.90	1.60	2.35	2.17
黏度/(mPa·s)	0.24	1.30 (18 ℃)	1.15 (50 ℃)	0.32	1.90
导热系数/[W/(m·℃)]	0.140	—	—	0.170	0.260
体积膨胀系数 $\beta \times 10^4$/(℃$^{-1}$)	16.3	—	—	—	—
表面张力 $\sigma \times 10^3$/(N/m)	18.0	21.2	43.5	23.7	27.8
名称	乙酸	乙酸乙酯	煤油	汽油	—
密度/(kg/m³)	1049	901	780~820	680~800	—
沸点/℃(101.325 kPa)	118.1	77.1	—	—	—
汽化热/(kJ/kg)	406.0	368.0	—	—	—
比热容/[kJ/(kg·℃)]	1.99	1.92	—	—	—
黏度/(mPa·s)	1.30	0.48	3.00	0.7~0.8	—
导热系数/[W/(m·℃)]	0.170	0.140 (10 ℃)	0.150	0.190 (30 ℃)	—
体积膨胀系数 $\beta \times 10^4$/(℃$^{-1}$)	10.7	—	10.0	12.5	—
表面张力 $\sigma \times 10^3$/(N/m)	23.9	—	—	—	—

注:除部分已标明温度的数据,附录 4 中数据均在 20 ℃条件下测得。

附录 5 饱和蒸汽性质表

绝对压力/kPa	温度/℃	蒸汽的密度/(kg/m³)	焓/(kJ/kg)		汽化热/(kJ/kg)
			液态	气态	
1.0	6.3	0.00773	26.48	2503.1	2476.8
1.5	12.5	0.01133	52.26	2515.3	2463.0
2.0	17.0	0.01486	71.21	2524.2	2452.9
2.5	20.9	0.01836	87.45	2531.8	2444.3
3.0	23.5	0.02179	98.38	2536.8	2438.4
3.5	26.1	0.02523	109.30	2541.8	2432.5
4.0	28.7	0.02867	120.23	2546.8	2426.6
4.5	30.8	0.03205	129.00	2550.9	2421.9
5.0	32.4	0.03537	135.69	2554.0	2418.3
6.0	35.6	0.04200	149.06	2560.1	2411.0
7.0	38.8	0.04864	162.44	2566.3	2403.8
8.0	41.3	0.05514	172.73	2571.0	2398.2
9.0	43.3	0.06156	181.16	2574.8	2393.6
10.0	45.3	0.06798	189.59	2578.5	2388.9
15.0	53.5	0.09956	224.03	2594.0	2370.0
20.0	60.1	0.13068	251.51	2606.4	2354.9
30.0	66.5	0.19093	288.77	2622.4	2333.7
40.0	75.0	0.24975	315.93	2634.1	2312.2
50.0	81.2	0.30799	339.80	2644.3	2304.5
60.0	85.6	0.36514	358.21	2652.1	2293.9
70.0	89.9	0.42229	376.61	2659.8	2283.2
80.0	93.2	0.47807	390.08	2665.3	2275.3
90.0	96.4	0.53384	403.49	2670.8	2267.4
100.0	99.6	0.58961	416.90	2676.3	2259.5
120.0	104.5	0.69868	437.51	2684.3	2246.8
140.0	109.2	0.80758	457.67	2692.1	2234.4
160.0	113.0	0.82981	473.88	2698.1	2224.2
180.0	116.6	1.02090	489.32	2703.7	2214.3

续表

绝对压力/kPa	温度/℃	蒸汽的密度/(kg/m³)	焓/(kJ/kg)		汽化热/(kJ/kg)
			液态	气态	
200.0	120.2	1.1273	493.71	2709.2	2204.6
250.0	127.2	1.3904	534.39	2719.7	2185.4
300.0	133.3	1.6501	560.38	2728.5	2168.1
350.0	138.8	1.9074	583.76	2736.1	2152.3
400.0	143.4	2.1618	603.61	2742.1	2138.5
450.0	147.7	2.4152	622.42	2747.8	2125.4
500.0	151.7	2.6673	639.59	2752.8	2113.2
600.0	158.7	3.1686	670.22	2761.4	2091.1
700.0	164.7	3.6657	696.27	2767.8	2071.5
800.0	170.4	4.1614	720.96	2773.7	2052.7
900.0	175.1	4.6525	741.82	2778.1	2036.2
1×10^3	179.9	5.1432	762.68	2782.5	2019.7
1.1×10^3	180.2	5.6339	780.34	2785.5	2005.1
1.2×10^3	187.8	6.1241	797.92	2788.5	1990.6
1.3×10^3	191.5	6.6141	814.25	2790.9	1976.7
1.4×10^3	194.8	7.1038	829.06	2792.4	1963.7
1.5×10^3	198.2	7.5935	843.86	2794.5	1950.7
1.6×10^3	201.3	8.0814	857.77	2796.0	1938.2
1.7×10^3	204.1	8.5674	870.58	2797.1	1926.5
1.8×10^3	206.9	9.0533	883.39	2798.1	1914.8
1.9×10^3	209.8	9.5392	896.21	2799.2	1903.0
2×10^3	212.2	10.0338	907.32	2799.7	1892.4
3×10^3	233.7	15.0075	1005.4	2798.9	1793.5
4×10^3	250.3	20.0969	1082.9	2789.8	1706.8
5×10^3	263.8	25.3663	1146.9	2776.2	1629.2
6×10^3	275.4	30.8494	1203.2	2759.5	1556.3
7×10^3	285.7	36.5744	1253.2	2740.8	1487.6
8×10^3	294.8	42.5768	1299.2	2720.5	1403.7
9×10^3	303.2	48.8945	1343.5	2699.1	1356.6
10×10^3	310.9	55.5407	1384	2677.1	1293.1

续表

绝对压力/kPa	温度/℃	蒸汽的密度/(kg/m³)	焓/(kJ/kg)		汽化热/(kJ/kg)
			液态	气态	
12×10^3	324.5	70.3075	1463.4	2631.2	1167.7
14×10^3	336.5	87.3020	1567.9	2583.2	1043.4
16×10^3	347.2	107.8010	1615.8	2531.1	915.4
18×10^3	356.9	134.4813	1699.8	2466.0	766.1
20×10^3	365.6	176.5961	1817.8	2364.2	544.9

注:附录 5 中数据以压力为准。

参考文献

[1]丁伯胜,刘忠诚,毛发展,等.制备方法对 $Fe/\gamma\text{-}Al_2O_3$ 催化剂降解亚甲基蓝废水性能的影响[J].安徽化工,2019,45(4):26－28,32.

[2]王捷.精细化工实验[M].北京:中国石化出版社,2016.

[3]王卫东,徐洪军.化工原理实验[M].北京:化学工业出版社,2017.

[4]乐清华.化学工程与工艺专业实验[M].3版.北京:化学工业出版社,2018.

[5]冯亚青,王利军,陈立功,等.助剂化学及工艺学[M].北京:化学工业出版社,1997.

[6]朱志庆.化工工艺学[M].2版.北京:化学工业出版社,2017.

[7]刘红,张彰.化工分离工程[M].北京:中国石化出版社,2014.

[8]陈涛,张国亮.化工传递过程基础[M].3版.北京:化学工业出版社,2009.

[9]陈甘棠.化学反应工程[M].3版.北京:化学工业出版社,2007.

[10]陈志雄,水恒福,王知彩.煤直接液化动力学模型及其研究进展[J].煤化工,2008,36(2):7－10.

[11]陈洪钫,刘家祺.化工分离过程[M].2版.北京:化学工业出版社,2014.

[12]陈敏恒,丛德滋,方图南,等.化工原理:上册[M].3版.北京:化学工业出版社,2006.

[13]陈敏恒,丛德滋,方图南,等.化工原理:下册[M].3版.北京:化学工业出版社,2006.

[14]赵建军.煤化学化工实验指导[M].合肥:中国科学技术大学出版社,2018.

[15]贾绍义,柴诚敬.化工传质与分离过程[M].2版.北京:化学工业出版社,2007.

[16]柴诚敬,贾绍义.化工原理:上册[M].3版.北京:高等教育出版社,2017.

[17]柴诚敬,贾绍义.化工原理:下册[M].3版.北京:高等教育出版社,2017.

[18]徐鸽,杨基和.化学工程与工艺专业实验[M].2版.北京:中国石化出版社,2013.

[19]郭树才,胡浩权.煤化工工艺学[M].3版.北京:化学工业出版社,2012.

[20]黄仲涛,耿建铭.工业催化[M].3版.北京:化学工业出版社,2014.

［21］崔萍，刘榛榛. 乙二醇硬脂酸酯的合成［J］. 应用化工，2005，34(9)：550—551.

［22］程铸生. 精细化学品化学［M］. 2 版. 上海：华东理工大学出版社，2002.

［23］雷智平，刘沐鑫，任世彪，等. 胜利煤液化中油在 NiMo/Al$_2$O$_3$、NiMo/MCM-48 和 NiMo/Betonite 上加氢性能研究［J］. 现代化工，2009，29(S1)：73—75.

［24］廖文胜. 洗涤剂原料及配方精选［M］. 北京：化学工业出版社，2006.